Jörg Rippel

Balkonkraftwerke

Verstehen und einfach einsteigen

Rheinwerk
Computing

Liebe Leserin, lieber Leser,

Photovoltaik mag vielleicht wie ein technischer und komplizierter Begriff klingen. Tatsächlich verbirgt sich dahinter jedoch eine einfache Idee: die Umwandlung von Sonnenlicht in elektrische Energie. Hierbei entstehen keine Abgase, kein Lärm und kein Gestank. Ideale Bedingungen also, um diese Art der Energieerzeugung auf dem eigenen Balkon, in der Gartenhütte oder auf dem Vordach zu nutzen.

In den letzten Jahren haben sich solche kleinen Photovoltaik-Anlagen für den Hausgebrauch unter dem Namen *Balkonkraftwerk* etabliert. Sie bieten Ihnen einen sicheren Weg, um Ihre Stromrechnung zu senken und sauberen Strom zu produzieren. Was Sie dabei beachten müssen und unter welchen Voraussetzungen das eigene Sonnenkraftwerk besonders gut funktioniert, erklärt Jörg Rippel Ihnen in diesem Leitfaden. Er geht dabei nicht nur auf den Anschluss und die Montage der Solarmodule ein, sondern nimmt auch eine genauso wichtige Stellschraube ins Visier: den eigenen Verbrauch. Denn nur wenn Sie wissen, wie viel Energie Sie überhaupt während der Sonnenstunden brauchen, können Sie Ihren selbstproduzierten Strom optimal nutzen.

Nicht zu kurz kommt auch der bürokratische und rechtliche Rahmen. Über die Nutzung privater Solaranlagen wird intensiv in der Politik diskutiert, und vielleicht wurde dieses Thema schon in Ihrer Eigentümerversammlung oder im Gespräch mit Ihrem Vermieter angesprochen. Mit diesem Buch sind Sie bestens auf solche Gespräche vorbereitet.

Die Zukunft mag viele Unsicherheiten bergen, aber eines ist sicher: Die Sonne wird weiterhin scheinen. Und sie birgt eine großartige Möglichkeit, um den eigenen ökologischen Fußabdruck zu verkleinern.

Zuletzt ein Hinweis in eigener Sache. Dieses Buch wurde mit großer Sorgfalt geschrieben, geprüft und produziert. Sollten Sie Fragen zum Inhalt haben, Lob oder Kritik äußern wollen, wenden Sie sich an mich. Ich freue mich auf Ihre Rückmeldung.

Ihr Christoph Meister
Lektorat Rheinwerk Computing

christoph.meister@rheinwerk-verlag.de
www.rheinwerk-verlag.de
Rheinwerk Verlag · Rheinwerkallee 4 · 53227 Bonn

Auf einen Blick

Wir hoffen, dass Sie Freude an diesem Buch haben und sich Ihre Erwartungen erfüllen. Ihre Anregungen und Kommentare sind uns jederzeit willkommen. Bitte bewerten Sie doch das Buch auf unserer Website unter **www.rheinwerk-verlag.de/feedback**.

An diesem Buch haben viele mitgewirkt, insbesondere:

Lektorat Christoph Meister
Korrektorat Sibylle Feldmann, Düsseldorf
Fachgutachten Martin Linten
Herstellung Norbert Englert
Typografie und Layout Vera Brauner
Einbandgestaltung Eva Hepper
Coverbilder AdobeStock: 536629306 © PixelboxStockFootage, 568112378 © Patrizia Tilly; iStock: 1095606834 © Sabine Wagner, 1300384615 © urbazon
Satz III-satz, Kiel
Druck mediaprint solutions, Paderborn

PEFC
PEFC/04-31-0810

Dieses Buch wurde gesetzt aus der TheAntiquaB (9,35/13,7 pt) in FrameMaker.

Gedruckt wurde es mit mineralölfreien Farben auf chlorfrei gebleichtem, FSC®-zertifiziertem Offsetpapier (90 g/m²).

Hergestellt in Deutschland.

Bibliografische Information der Deutschen Nationalbibliothek:
Die Deutsche Nationalbibliothek verzeichnet diese Publikation in der Deutschen Nationalbibliografie; detaillierte bibliografische Daten sind im Internet über *http://dnb.dnb.de* abrufbar.

ISBN 978-3-8362-9843-8

1. Auflage 2023

Informationen zu unserem Verlag und Kontaktmöglichkeiten finden Sie auf unserer Verlagswebsite **www.rheinwerk-verlag.de**. Dort können Sie sich auch umfassend über unser aktuelles Programm informieren und unsere Bücher und E-Books bestellen.

Inhalt

TEIL II Ihr Balkonkraftwerk

TEIL III Autark und unabhängig

Vorwort

Wussten Sie schon, dass das erste Balkonkraftwerk bereits im Jahr 1909 installiert wurde?

Schon 1883 hatte der Erfinder Charles Fritts die ersten Solarzellen hergestellt. Erreicht hatte er dies durch die Beschichtung von Selen mit einer feinen Goldschicht. Es dauerte dann allerdings noch ein wenig, bis diese Idee so praxistauglich war, dass sie über den Dächern einer Stadt in die Tat umgesetzt werden konnte

Im Jahr 1909 war es schließlich so weit. George Cove installierte die ersten Sonnenkollektoren auf dem Dach eines Gebäudes in New York City. Man könnte dies das erste Balkonkraftwerk der Geschichte nennen. Den stolzen Erfinder sehen Sie in Abbildung 1.

Abbildung 1 Georg Cove bei einer Demonstration seines Balkonkraftwerks

Schon damals war die Begeisterung groß: Die Zeitungen berichteten, dass es nun gelungen sei, die Strahlen von »Old Sol« für die Energiegewinnung zu nutzen.

In den Presseartikeln dieser Zeit ist zu lesen, dass Cove beabsichtigte, für die Kosten von 20 US-Dollar Solarmodule zu bauen, die ein ganzes Haus mit Energie beliefern sollten. Inflationsbereinigt landet man ungefähr bei einem Preis von circa 650 US-Dollar, also recht genau dem Preis, den Sie heute für ein steckerfertiges Komplettpaket zahlen müssen, mit dem Sie Ihren eigenen Strom erzeugen.

Abbildung 2 Georg Cove war sich der Wichtigkeit des Neigungswinkels bewusst.

Es dauerte allerdings noch einige Jahre, bis der kommerzielle Einsatz sinnvoll wurde – stellen Sie sich einfach einen Wagen von 1909 neben einem modernen E-Auto vor, und es wird klar, dass dazwischen viel Ingenieurskunst und jede Menge Innovationen liegen, um aus der Idee ein alltagstaugliches Modell zu machen. In der Zwischenzeit stand die Technik also nicht still. 1950 wurde an den amerikanischen Bell Labs die ersten praxistauglichen Solarzellen produziert, die nur wenige Jahre später mit dem Satelliten *Vanguard 1* ins All geschickt wurden. Dieser wurde auf seiner Reise mit Sonnenenergie versorgt, und diese Siliziumsolarzellen in monokristalliner oder polykristalliner Bauweise verwenden wir heute noch.

Inzwischen ist die Technik so reif, dass jedermann und jedefrau mit geringem Aufwand eine eigene Solaranlage installieren und betreiben kann. Was Sie dazu wissen sollten, erkläre ich Ihnen in diesem Buch. Also, los geht's!

Ihr Weg durch dieses Buch

Für den Einstieg schauen wir uns in den Kapiteln des ersten Teils an, was hinter dem Begriff *Photovoltaik* steckt und wie Sie damit Ihren eigenen Strom produzieren. In Kapitel 2 und Kapitel 3 geht es darum, wie Sie Ihren Stromverbrauch ermitteln, damit Sie besser einschätzen können, welche Solaranlage am besten zu Ihnen passt. In Kapitel 4 machen wir einen kleinen Abstecher in die Welt der Daten – wenn Sie Ihren Stromverbrauch nicht protokollieren wollen und auch kein Interesse an Systemen für das Smart Home haben, können Sie dieses Kapitel auch überspringen.

Ab Kapitel 5 dreht sich alles um Ihr neues Balkonkraftwerk. Zunächst schauen wir uns an, was Sie für den Aufbau brauchen und welche Voraussetzungen gegeben sein sollten. Da ein neues Balkonkraftwerk keine kleine Investition ist, geht es in Kapitel 6 um die Frage, zu welchem Modell man greifen sollte. Und damit Sie aus Ihrer neuen Anschaffung das Maximum herausholen können, wird in Kapitel 7 geprüft, was der ideale Ort für die Stromproduktion ist. In Kapitel 8 bespreche ich schließlich alles, was Sie für die Installation wissen müssen: Von der Montage der Module geht es über den Anschluss des Wechselrichters bis zur Integration in Ihr WLAN. Und zu guter Letzt gibt es in Kapitel 9 noch ein paar Tipps und Hinweise rund um den Papierkram – keine Angst, Ihr neues Sonnenkraftwerk sorgt für überraschend wenig Bürokratie.

In den Kapiteln des dritten Teils werfen wir einen Blick über Ihren Balkon hinaus. Kann man mit der eigenen Solarproduktion wirklich autark werden, also unabhängig vom Stromanbieter sein? Dazu brauchen Sie eine Speicherlösung, die Sie auch dann versorgt, wenn die Sonne nicht scheint. Warum das keine gute Idee ist – oder zumindest unverhältnismäßig aufwendig und teuer wird – erkläre ich Ihnen in Kapitel 10. Einfacher ist die Frage nach der Stromproduktion unterwegs. Auch dazu gibt es inzwischen gute Lösungen, um die es in Kapitel 11 geht.

Eine gute Nachricht zum Schluss: Wie Sie in Kapitel 12 lernen werden, braucht Ihr persönliches Kraftwerk kaum Pflege und Wartung. Ein paar Kleinigkeiten will ich Ihnen aber doch mitgeben, damit Sie möglichst lange und stressfrei Freude mit Ihrer Anlage haben werden.

Kapitel 1
Einführung: Ist das wirklich alles so einfach?

Strom ist teuer geworden. Und Energieverschwendung ist schlecht für die Umwelt.
Die Probleme lassen sich leicht beschreiben, aber wie sieht es mit den Lösungen aus? Was kann ich tun, um Geld zu sparen und die Umwelt zu schützen?

Balkonkraftwerke sind kleine Photovoltaikanlagen, die Privathaushalten helfen, ihre Stromkosten zu senken und erneuerbare Energien zu nutzen. Diese Anlagen können einfach installiert werden und erfordern keine speziellen handwerklichen Fähigkeiten. Sie sind weit verbreitet und erschwinglich. Balkonkraftwerke können einen Teil des Stromverbrauchs im Haushalt abdecken und tragen zur Reduzierung von CO_2-Emissionen bei. Durch die Kombination von Balkonkraftwerken mit ein paar schlauen Stromsparmaßnahmen kann jeder Haushalt einen Beitrag zur Energiewende leisten, Geld sparen und die Umwelt unterstützen.

Das war die Kurzfassung dieses Buchs. Jetzt wissen Sie bereits, worum es geht. Schauen wir uns aber zunächst ein wenig genauer an, was ein Balkonkraftwerk überhaupt ist.

Photovoltaik ist die Technik, mit der Sonnenenergie in elektrischen Strom umgewandelt wird. Dazu werden sogenannte Solarmodule genutzt, die Solarzellen enthalten. Diese Solarmodule machen keinen Lärm, lassen sich recht unauffällig nutzen, sie sind langlebig und nahezu wartungsfrei. Besonders attraktiv ist, dass kein schädliches CO_2 erzeugt wird, wenn Strom auf diesem Weg aus Sonnenenergie gewonnen wird.

Eine Photovoltaikanlage, die wir an unser Balkongeländer hängen können, ist die kleine Schwester der großen Anlagen, die Sie wahrscheinlich schon auf Hausdächern oder in großen Solarparks gesehen haben. Während diese sehr viel Geld kosten und mit erheblichem Aufwand betrieben werden müssen, ist ein Balkonkraftwerk günstig in der Anschaffung und kann auch ohne Fachwissen installiert und genutzt werden.

1.1 Photovoltaik – der Begriff der Stunde

Photovoltaik wird mittlerweile an diversen Stellen eingesetzt. Aktuell sehen wir auf vielen Hausdächern, neben Autobahnen und auf Brachflächen große Solaranalagen. Früher lohnten sich Photovoltaikanlagen nur, wenn man groß investierte und den gewonnenen Strom entweder direkt verbrauchen oder wieder ins Netz einspeisen konnte. Diese Voraussetzungen waren aber lediglich gegeben, wenn man ein solches Projekt kommerziell betrieb. Inzwischen bieten Balkonkraftwerke für fast jeden Privathaushalt eine Möglichkeit, den eigenen Geldbeutel zu entlasten.

Durch die handhabbare Größe eines Balkonkraftwerks und die einfache Anschlussmöglichkeit können Sie auch als Laie ein Balkonkraftwerk aufstellen und anschließen. Die weite Verbreitung der Technik hat zu einer Vereinheitlichung und Vereinfachung geführt. Die Stecker sind genormt, die Technik ist modular und austauschbar geworden. Auch die Preise sind dadurch inzwischen deutlich besser.

Balkonkraftwerke können Sie mittlerweile überall kaufen. Im Baumarkt, beim Elektrofachmarkt, sogar im Supermarkt werden Sets angeboten, die den notwendigen Wechselrichter, die Solarmodule und Kleinteile für die Befestigung mitbringen (siehe Abbildung 1.1). Im Internet gibt es selbstverständlich ebenfalls eine riesige Auswahl an fertigen Balkonkraftwerk-Sets in verschiedenen Leistungsklassen und mit einer großen Anzahl an Ausstattungsvarianten. Wir gehen das später im Detail durch, aber der grobe Überblick sieht so aus:

Abbildung 1.1 Ein 300-Watt-Balkonkraftwerk-Set

Ein übliches *Solarmodul* mit etwa 330 bis 400 Watt Leistung hat eine Größe von 1 Meter × 1,7 Meter. Ein Balkonkraftwerk kann aus einem oder zwei dieser Solarmodule bestehen. Die Variante mit einem Solarmodul wird als *300-Watt-Balkonkraftwerk* bezeichnet, die Variante mit zwei Solarmodulen wird *600-Watt-Balkonkraftwerk* genannt. Es ist absehbar, dass die Maximalgrenze bald angehoben wird, sodass es im nächsten Jahr auch *800-Watt-Balkonkraftwerke* geben wird.

Eines der Solarmodule, oder auch beide, wird an einen *Wechselrichter* angeschlossen, wie Sie ihn beispielhaft in Abbildung 1.2 sehen. Dieses Gerät stellt den Übergang zwischen den Solarmodulen und Ihrem Hausnetz dar.

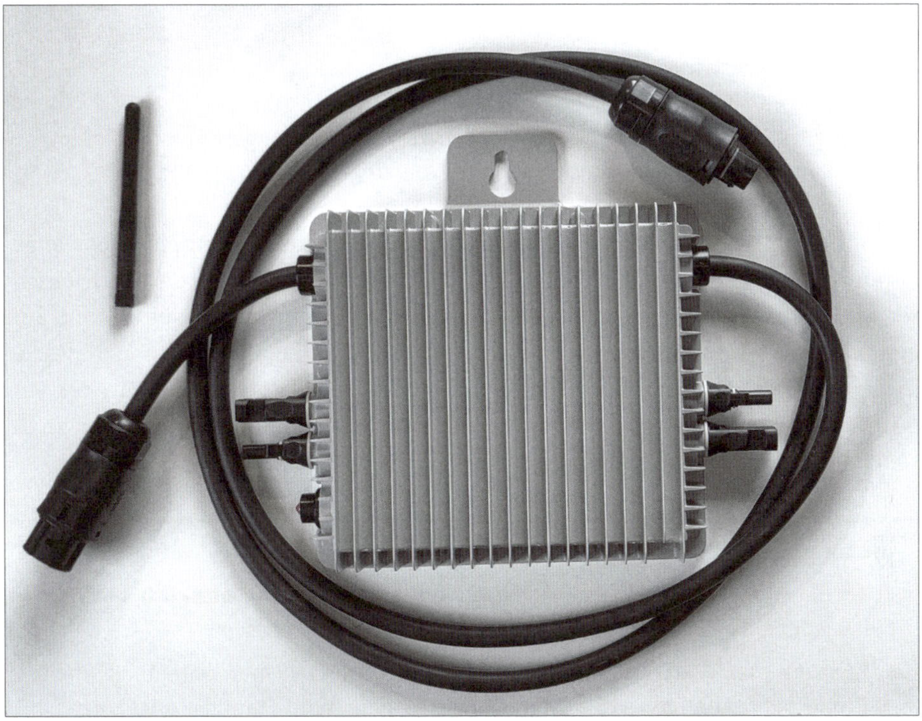

Abbildung 1.2 Balkonkraftwerk-Wechselrichter von DEYE

Dieser Wechselrichter wird mit einer ganz normalen Anschlussleitung in Ihre Steckdose gesteckt. Der von den Solarmodulen erzeugte Strom wird dabei von diesem Wechselrichter umgewandelt und in Ihr Hausnetz geleitet. Angeschlossen wird das Balkonkraftwerk also an eine gewöhnliche *Schukosteckdose*, die oftmals direkt in Reichweite ist. (Was Sie tun können, wenn keine Steckdose in der Nähe ist, bespreche ich in Kapitel 8, »Ein Balkonkraftwerk installieren«, wenn es um den Aufbau geht.)

In der Übersicht sieht das ganze Konstrukt also wie in Abbildung 1.3 aus.

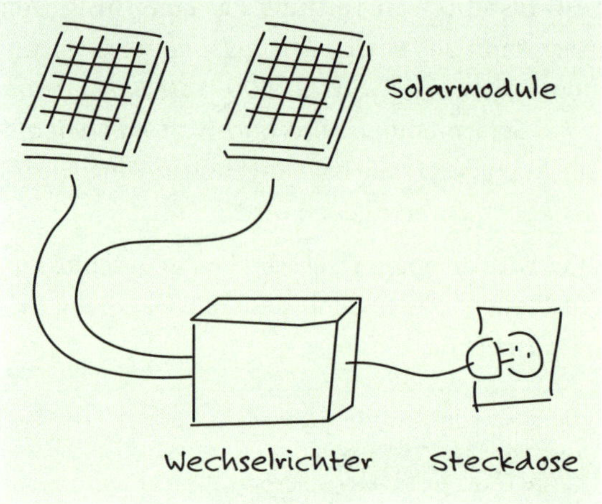

Abbildung 1.3 Die Solarmodule werden an den Wechselrichter angeschlossen, dieser kommt dann an eine normale Steckdose Ihrer Wohnung.

Ein Balkonkraftwerk wird immer als fertig zusammengestelltes Komplettpaket angeboten. Alle darin enthaltenen Komponenten – die Solarmodule und der Wechselrichter, die Anschlussleitungen und Stecker zur Einspeisung in das Hausnetz – sind aufeinander abgestimmt und fertig konfektioniert. Im Normalfall wird Ihnen dieses Set in den zwei schon genannten Varianten, mit einer Leistung von 300 oder von 600 Watt, verkauft, also mit einem oder mit zwei Solarmodulen, die Sie dann an Ihrem Balkon anbringen können.

Leistung, Spannung und Strom

Redet man über Solarmodule, Balkonkraftwerke und den Stromverbrauch, fallen immer wieder einige Begriffe, die erst einmal erklärt werden müssen:

- **Leistung** und **Watt**: Ist die Menge an Energie, die in einer Zeiteinheit (meist Stunde, abgekürzt *h*) verbraucht oder erzeugt wird. Wird oft mit *W* abgekürzt. Ein Balkonkraftwerk erzeugt Energie, ein Kühlschrank verbraucht sie.
- **Wp**: Damit ist *Watt Peak* gemeint, also die Spitzenleistung, die ein Solarmodul bei optimaler Sonneneinstrahlung erreichen kann.
- **Spannung** und **Volt**: Die elektrische Spannung mit der Maßeinheit *Volt* oder abgekürzt *V* bezeichnet die elektrische Ladung in einem Stromkreis. Sie kennen diese Bezeichnung von Ihrer Steckdose, aus der *230 Volt Wechselspannung* herauskommen.
- **Strom** und **Ampere**: Die elektrische Stromstärke wird mit der Maßeinheit *A* bezeichnet und gibt an, wie intensiv der Strom ist, der durch einen Leiter fließt. Sie kennen diese Bezeichnung von Sicherungen. In Ihrem Sicherungskasten sind wahrscheinlich *16-A-Sicherungen* eingebaut.

- **Verbrauch**: Das ist ein Begriff, der in der Alltagssprache sehr schwammig verwendet wird. Ein Gerät hat immer eine gewisse *Leistung*, womit umgangssprachlich ausgedrückt werden soll, wie stark ein Gerät ist: »Meine Bohrmaschine hat 500 Watt.« Damit ist aber nicht gemeint, wie viel die Bohrmaschine verbraucht, denn der Verbrauch bezieht sich immer auf einen Zeitraum: Würde die Bohrmaschine eine Stunde lang durchgehend laufen, hätte sie einen *Energiebedarf* von *500 Wh*.

  Ist etwas in Watt angegeben, ist dies der *Momentanverbrauch*. Wird der Verbrauch mit einer Zeiteinheit angegeben, dann ist damit der *Energiebedarf* gemeint. Hier wären es dann *500 Wattstunden* (500 Wh).

Der Verbrauch wird in Wattstunden (*Wh*) oder Kilowattstunden (*kWh*) angegeben, wenn der Momentanverbrauch schwankt. Läuft beispielsweise eine Waschmaschine, muss das Reinigungsprogramm mal das Wasser erwärmen, mal die Trommel drehen, mal abpumpen – all dies benötigt unterschiedlich viel Strom und wird mehrmals pro Stunde gemacht. Deshalb wird aus dem Momentanverbrauch nicht klar, was über eine Stunde hinweg im Durchschnitt an Strom verbraucht wird. Aus dem Grund gibt der Hersteller des Geräts einen *Durchschnittsverbrauch* pro Stunde an, die *Wattstunde*.

Noch wichtiger als die Stromerzeugung: der Verbrauch

Ob Sie die große oder die kleine Variante des Balkonkraftwerks benötigen, hängt von Ihrem Verbrauch ab. Denn die Leistung eines Balkonkraftwerks soll so dimensioniert sein, dass Sie damit die ständig laufenden Geräte Ihres Haushalts beim Stromverbrauch unterstützen können. Und von diesen Geräten hat heutzutage jeder Haushalt genug: Kühlschränke und Gefriertruhen, eine Heizung im Winter, das Warmwasser, der Internetrouter. Andere Geräte laufen oft mehrere Stunden am Tag: der Computer, der Fernseher, eine Klimaanlage oder ein Ventilator im Sommer. Diese Geräte stellen den Grundverbrauch dar, der einen guten Teil Ihrer Stromrechnung ausmacht, und genau diesen Verbrauch kann man – wenn er im durchschnittlichen Rahmen liegt – gut mit einem Balkonkraftwerk abdecken.

Der Grundverbrauch ist stark abhängig von Ihren Gewohnheiten, der Anzahl der Personen in Ihrem Haushalt und der Menge an moderner Unterhaltungs- und Informationstechnik, die Sie betreiben. Oft sammeln sich mit der Zeit viele Geräte im Haushalt an, die mit ihrer Nutzung so in den Hintergrund treten, dass sie einem beim Nachdenken über die Verbraucher nicht einfallen. Haben Sie beispielsweise einen großen Fernseher oder ein Heimkino? Speichern Sie Ihre Musik und Ihre Filme auf einer Festplatte, die möglicherweise ständig läuft? Nutzen Sie einen eigenen Server? Wie viele Spielekonsolen sind bei Ihnen in Gebrauch? Oder backen Sie gerne mehrere

Torten in der Woche, und wird der Backofen häufig stundenlang von anderen Festgerichten belegt? Haben Sie ein Aquarium mit aufwendiger Beleuchtung und einer großen Pumpe, dessen Wasser stets auf mindestens 25 °C erwärmt werden muss?

Es gibt viele Beispiele, Hobbys und Gewohnheiten, die mit elektrischen Verbräuchen zusammenhängen und so zur Stromrechnung beitragen können.

Aber nicht nur Haushalt und Unterhaltungselektronik benötigen Strom. Möglicherweise arbeiten Sie im Homeoffice? Die zusätzlichen acht bis zehn Stunden, in denen Sie im heimischen Büro arbeiten und einen Rechner mit Monitor und Drucker eingeschaltet haben, machen sich auch beim Stromverbrauch bemerkbar.

Darüber hinaus gibt es natürlich die Klassiker des Stromverbrauchs: alte Gefrierschränke im Keller, Durchlauferhitzer, Heizlüfter und weitere Stromfresser – also elektrische Geräte, die im Hintergrund laufen, die im Keller stehen, die nur zeitweise genutzt werden und an die man nicht denkt, wenn man seine Stromrechnung betrachtet. Aber sie machen trotzdem einen Unterschied bei Ihrer Stromrechnung. Aus diesem Grund gehen wir in diesem Buch methodisch bei der Suche nach Verbrauchern vor. Mithilfe von günstigen und einfach zu nutzenden Verbrauchsmessgeräten erfassen Sie systematisch alle Verbraucher in Ihrem Haushalt und bekommen einen Überblick über die Stromfresser. Damit legen wir gleich in Kapitel 2, »Wie viel Strom brauche ich überhaupt? – Messen und prüfen«, los.

1.2 Was können Balkonkraftwerke leisten?

Was bringt Ihnen nun ein solches Balkonkraftwerk? Das ist die Frage, die Sie sich wahrscheinlich als Erstes stellen. Lohnt sich die Arbeit und das Geld, die Sie dafür aufwenden müssen?

In diesem Buch möchte ich Ihnen bei der Beantwortung dieser Fragen helfen. Schritt für Schritt gehen wir alles anhand praktischer Beispiele durch. Denn bevor wir die Frage beantworten können, ob sich ein Balkonkraftwerk für Sie lohnt, müssen wir uns Ihre Gegebenheiten anschauen. Wo könnten Sie ein Balkonkraftwerk aufstellen? Wie viel Strom verbrauchen Sie? Und was sind Ihre Verbraucher, welche Geräte in Ihrem Haushalt benötigen viel elektrischen Strom? Wann laufen Ihre Verbraucher? Tagsüber, wenn die Sonne scheint, oder nachts?

Danach wissen Sie, wie sich Ihr Verbrauch zusammensetzt und wie in Ihrer Stromrechnung der Betrag zustande kommt, den Sie jeden Monat zahlen müssen. Dieser Betrag lässt sich wahrscheinlich deutlich reduzieren. Verschaffen Sie sich also einen Überblick über Ihren Verbrauch und bekommen Sie so ein Gefühl dafür, wie Sie das Balkonkraftwerk am besten nutzen können.

Wir gehen daher im ersten Schritt Ihren Verbrauch an, um mit dem Einsatz eines Balkonkraftwerks mehr Wirkung zu erzielen. Der durch Ihre kleine Photovoltaikanlage erzeugte Strom soll ja nicht einfach nur für überflüssige Verbraucher genutzt werden. Sie können mehr Wirkung erzielen, wenn Sie den überflüssigen Verbrauch minimieren und gleichzeitig den vom Balkonkraftwerk erzeugten Strom für die notwendigen Geräte nutzen.

Gehen wir einmal einen kleinen Schritt zurück zur Frage nach dem Aufwand, der für die Installation eines solchen Balkonkraftwerks notwendig ist. Wie viel Arbeit die Installation macht, ist davon abhängig, welche Gegebenheiten bei Ihnen vorliegen.

Die einfachste Variante ist diese:

- Sie haben einen großen Balkon oder eine Terrasse mit einem Geländer, das ungefähr in südlicher Richtung ausgerichtet ist.
- Das Geländer, an dem die Solarmodule befestigt werden sollen, bekommt keinen Schatten im Laufe des Tages.
- Dieses Geländer ist ein gewöhnliches Metallgeländer, an dem sich die Halterungen der Solarmodule ohne große Probleme anschrauben oder mit Klettbändern befestigen lassen.
- Ihr Balkon oder Ihre Terrasse hat eine ungenutzte Schukosteckdose, in die Sie den Wechselrichter einstecken können, um den erzeugten Strom in das Hausnetz einzuspeisen.

Abbildung 1.4 Balkonkraftwerk an einem Einfamilienhaus

Wenn Ihre Gegebenheiten ungefähr so aussehen, wird sich die Installation eines Balkonkraftwerks sehr schnell und einfach, wahrscheinlich sogar an einem Nachmittag, durchführen lassen. Sie benötigen dazu möglicherweise etwas Werkzeug für die Halterungen und ein zweites Paar Hände zur Installation der Solarmodule.

Die nötige Arbeit kann also sehr übersichtlich sein und ist auch für jemanden mit geringem handwerklichem Geschick ohne Probleme möglich.

Die Frage, ob sich ein Balkonkraftwerk finanziell lohnt, ist etwas schwieriger zu beantworten. Die Antwort hängt davon ab, wie sehr das Balkonkraftwerk Ihren Stromverbrauch unterstützen kann. Um dies genauer zu beantworten, müssen wir ein paar Zahlen durchgehen. Ich halte das an dieser Stelle erst einmal einfach und gehe später im Buch mehr ins Detail.

Wie viel leistet solch ein Balkonkraftwerk? Laut gesetzlichen Regelungen dürfen Balkonkraftwerke im privaten Betrieb nicht mehr als 600 Watt elektrische Leistung in das Hausnetz einspeisen. Dies ist auf jeden Fall noch bis Ende 2023 die Gesetzeslage in Deutschland. Aktuell laufen allerdings Verhandlungen, und es wird gefordert, dass die Grenze auf 800 Watt angehoben wird.

Das Balkonkraftwerkgesetz

Im Sommer 2023 wird auch in der Politik heiß über das Thema diskutiert. Es ist zu erwarten, dass es bald eine Anpassung der Gesetzeslage gibt, denn der erste Entwurf des neuen Balkonkraftwerkgesetzes liegt bereits vor. Der Betrieb und die Installation von Balkonkraftwerken sollen damit deutlich einfacher werden, viele Auflagen und ein Teil der Bürokratie werden wohl wegfallen. Es soll keine Pflicht zum Zählertausch mehr geben, und so sollen auch alte, rückwärtslaufende Zähler mit einem Balkonkraftwerk verwendet werden können. Der Messstellenbetreiber hat, nachdem das Balkonkraftwerk beim Marktstammdatenregister angemeldet wurde, anschließend vier Monate Zeit, den Zähler zu tauschen.

Das neue Balkonkraftwerkgesetz soll schon am 1. Januar 2024 in Kraft treten. Während ich im Sommer 2023 an diesem Buch gearbeitet habe, war es allerdings noch nicht beschlossen. Das bedeutet, dass sich noch viel ändern kann und wir abwarten müssen, wie die Details des neuen Gesetzes aussehen werden.

Eins lässt sich aber sicher sagen: Es tut sich viel in diesem Bereich, und Sie können davon ausgehen, dass uns Balkonkraftwerke auch in den nächsten Jahren begleiten werden. Informieren Sie sich daher konkret über den gesetzlichen Rahmen und die Fördermöglichkeiten Ihres Projekts. Erste Hinweise finden Sie bereits in Abschnitt 5.3, »Das Balkonkraftwerk als ›privilegierte Maßnahme‹«, und Kapitel 9, »Der Papierkram«, dieses Buchs.

Wenn Sie Ihr eigenes Balkonkraftwerk aufstellen, werden Sie etwa 10 bis 20 % Ihres Strombedarfs im Haushalt damit abdecken können. Das ist eine sehr vereinfachte Darstellung, es kommt natürlich darauf an, ob Sie einen normalen Verbrauch haben oder ob Sie untypisch viel Strom verbrauchen. Genau aus diesem Grund fahren wir in diesem Buch zweigleisig: Wir betrachten Ihren Stromverbrauch und können dann beurteilen, wie viel Ihnen ein Balkonkraftwerk bringt.

1.3 Das Netz unterstützen und Geld sparen

In Deutschland sind bereits Hunderttausende Balkonkraftwerke im Einsatz, die nicht nur individuell Kosten reduzieren, sondern auch einen positiven Beitrag zur Umwelt leisten. Durch die Kombination aus Balkonkraftwerk und Stromsparmaßnahmen kann jeder und jede Einzelne einen Unterschied ausmachen und zur Energiewende beitragen.

Um den Stromverbrauch zu reduzieren und um Geld zu sparen, bietet sich ein Balkonkraftwerk für alle an, die keine große Photovoltaikanlage auf dem Hausdach installieren können oder möchten. Nicht alle haben ein Eigenheim mit einem dafür nutzbaren Dach. Aber einen Balkon, ein Garagendach, eine Terrasse oder sogar einen Solartisch können fast alle nutzen, um die Stromkosten zu senken.

Abbildung 1.5 Ein Solartisch ist auch eine Möglichkeit.

Was bringen Balkonkraftwerke aber für das große Ganze? Was sagen die Energieversorger dazu, und wie unterstützt es das Energienetz?

In Deutschland gibt es etwas mehr als 200.000 angemeldete Balkonkraftwerke. Eine Untersuchung der *Hochschule für Technik und Wirtschaft in Berlin* hat herausgefunden, dass gut die Hälfte aller hiesigen Balkonkraftwerke nicht angemeldet sind. So kommt man auf rund eine halbe Million Balkonkraftwerke, die hier in Deutschland schon in Betrieb sind.

Wenn ein Balkonkraftwerk Strom erzeugt, wird vermieden, dass CO_2 anfällt, das sonst bei der Erzeugung der benötigten Energie in einem konventionellen Kraftwerk entsteht.

Sie tun also etwas für die Umwelt. Steter Tropfen höhlt den Stein, das alte Sprichwort gilt auch für moderne Balkonkraftwerke. Denken wir an die etwa 500.000 Balkonkraftwerke in Deutschland, bewirken diese zusammen etwas.

Giga? Tera? Watt?

Wenn man von großen Verbräuchen redet, werden auch die Zahlen schnell sehr groß und unhandlich. Statt »1000 Watt« wird dann »1 kW« angegeben. Das *k* steht dabei für *kilo* und bedeutet *1000*.

Von den Einheiten gibt es noch mehr:

- 1 Kilowatt (kW) entspricht 1.000 Watt.
- 1 Megawatt (MW) entspricht 1 Million Watt oder 1.000 Kilowatt.
- 1 Gigawatt (GW) entspricht 1 Milliarde Watt oder 1.000 Megawatt.
- 1 Terawatt (TW) entspricht 1.000 Gigawatt.

Der globale Stromverbrauch der gesamten Menschheit wird auf etwa 23.000 Terawattstunden geschätzt, das sind 23 Petawattstunden.

Wie viel genau? Der Bedarf an elektrischem Strom für Privathaushalte lag in Deutschland im Jahr 2021 bei circa 138 TWh. Ein 600-Watt-Balkonkraftwerk, also ein Set mit zwei Solarmodulen, kann im Jahr etwa 700 kWh ins Hausnetz einspeisen.

Das bedeutet, dass eine halbe Million Balkonkraftwerk im Jahr etwa 350 GWh erzeugen können. Dies entspricht dann 0,25 % des Verbrauchs.

$$(350\ \text{GWh} / 138\ \text{TWh}) \times 100 \approx 0{,}25\ \%$$

Laut Statistischem Bundesamt haben wir etwa 42 Millionen Wohnungen und 19 Millionen Wohngebäude. Bei einer sehr konservativen Überlegung, in der wir nur die Hälfte davon annehmen, kommen wir auf etwa 30 Millionen mögliche Standorte für Balkonkraftwerke. Eine Rechnung mit diesen Zahlen als Grundlage bedeutet, dass wir etwa 15,2 % des bundesweit benötigten Stroms mit Balkonkraftwerken erzeugen könnten.

$$(350\ \text{GWh} \times 60 / 138\ \text{TWh}) \times 100 \approx 15{,}21\ \%$$

Oder rechnen wir es etwas einfacher: Wenn wir annehmen, dass die durch Ihr Balkonkraftwerk erzeugte elektrische Energie etwa 15 % Ihres Verbrauchs bereitstellen kann, gilt dies auch in etwa für alle anderen Haushalte. Würde also die Hälfte aller möglichen Haushalte, die vom Standort geeignet wären, ein Balkonkraftwerk einsetzen, könnten wir in Summe etwa 7 % des benötigten elektrischen Stroms aller Privathaushalte durch Balkonkraftwerke erzeugen. Dazu kommen dann noch die konventionellen Photovoltaikanlagen, die ja ebenfalls existieren. Die Zahl wird also noch deutlich höher, wenn alle Photovoltaikanlagen hinzugerechnet werden, die ans Netz angeschlossen sind.

Zugegeben, dies ist im ersten Rechenbeispiel eine sehr theoretische und im zweiten Beispiel eine sehr vereinfachte Berechnung. Der Bedarf an elektrischem Strom setzt sich schließlich in jedem Haushalt etwas anders zusammen, und ein Balkonkraftwerk würde dort überall einen anderen Beitrag leisten. Es lässt sich also schwer vorhersagen, wie viel genau solche Balkonkraftwerke zum Energieverbrauch der Privathaushalte beitragen können. Aber egal wie groß die Zahl in der Realität ist – das, was die Balkonkraftwerke an elektrischer Energie bereitstellen können, ist nicht wirkungslos oder zu vernachlässigen. Es macht was aus.

Wir, alle zusammen, können also etwas bewirken. Was vielleicht aber – für Sie persönlich – noch wichtiger ist: Ganz konkret bei Ihrem Stromverbrauch und den von Ihnen zu zahlenden Energiekosten können Sie etwas verändern.

Abbildung 1.6 Auch Mieter können ein Balkonkraftwerk nutzen.

Zeigen wir Ihnen also noch einmal eine einfache Rechnung für Sie ganz persönlich. Was bringt Ihnen ein Balkonkraftwerk mit 600 Watt, das Sie in sonniger Lage aufstellen können?

Eine Kilowattstunde Strom kostet im Sommer 2023 im Durchschnitt 34 Cent. Wenn Ihr 600-Watt-Balkonkraftwerk in einer guten Lage rund 700 kWh im Jahr erzeugt, können Sie in diesem Zeitraum etwa 210 € an Stromkosten einsparen. Das sind knapp unter 20 € im Monat. Wie viel zahlen Sie im Monat für Ihren Strom? Wie viel macht das aus?

Und wie viel hat Sie Ihr Balkonkraftwerk gekostet? Wenn Sie dafür nicht mehr als einige Hundert Euro ausgeben, hat sich die Investition schon in wenigen Jahren amortisiert.

Möglicherweise können wir aber noch mehr bewirken, um die Stromkosten zu senken, als das Balkonkraftwerk allein: indem wir zusätzlich etwas tun, um Strom einzusparen. Denn genauso viel Strom, wie Sie mit Ihrem Balkonkraftwerk erzeugen können, genauso viel Strom können Sie wahrscheinlich auch mit recht einfachen Maßnahmen einsparen. Sie können also eventuell den gewünschten Effekt sogar verdoppeln. Dazu schauen wir uns in den nächsten Kapiteln an, wie Sie den Stromverbrauch einzelner Geräte messen und was Sie selbst tun können, um Strom – und Geld – zu sparen.

Fachbegriffe und Umgangssprache

In diesem Buch strebe ich an, komplexe technische Konzepte in einer zugänglichen und einfachen Sprache zu vermitteln. Nicht an jeder Stelle verwende ich formal korrekte Fachbegriffe wie beispielsweise *elektrischer Strom*, *elektrische Energie* oder *Stromnetz*. Ich benutze im Verlauf dieses Buchs oft die geläufigeren Wörter *Strom*, *Energie* und *Netz*. Auch zwischen *Akku* und *Batterie* mache ich keinen Unterschied. Mein Ziel ist es, eine Sprache zu verwenden, die auch für Laien leicht verständlich ist.

Für diejenigen unter Ihnen mit einem Physik- oder Elektrotechnik-Hintergrund: Ich lade Sie herzlich ein, in eine entspanntere Geschwindigkeit zu wechseln und die Essenz hinter den vereinfachten Ausdrücken zu erkennen. Denn hier geht es darum, Wissen auf eine zugängliche Weise zu teilen und zu verbreiten. Ich danke Ihnen für Ihr Verständnis und Ihre Geduld.

TEIL I

Strom sparen

Kapitel 2

Wie viel Strom brauche ich überhaupt? – Messen und prüfen

Es ist gar nicht so einfach zu sagen, wie viel Strom man so am Tag verbraucht. Die meisten Menschen können das nicht gut einschätzen, und es ist auch oft schwer zu sagen, was überhaupt den Strom verbraucht. In diesem Kapitel wollen wir uns ansehen, wie Sie eine gute Datenbasis erstellen, auf deren Grundlage Sie fundiert Entscheidungen treffen können.

Möchten Sie versuchen, Strom zu sparen, und können Sie Arbeit und Zeit investieren, um einen Überblick über Ihre Verbraucher zu bekommen? Mit ein paar Hilfsmitteln ist es recht einfach möglich, die Verbrauchswerte zu erfassen. Allerdings ist es schwieriger, diese Zahlen dann in ein Verhältnis zu setzen, um daraus schlau zu werden. Eine einmalige Aktion kann einem ein wenig Aufschluss über den eigenen Verbrauch geben, aber erst eine Langzeiterfassung über Jahre wird richtig aussagekräftig.

Was sind kWh?

Kilowattstunden (kWh) ist eine Maßeinheit für den Strom, den Sie verbrauchen, also für Ihren Energieverbrauch. Die Kilowattstunde wird verwendet, um die Menge an elektrischer Energie zu messen, die über einen bestimmten Zeitraum verbraucht wird.

In Ihrer Stromrechnung zeigt die kWh den Verbrauch an elektrischer Energie an, den ein Haushalt innerhalb eines Abrechnungszeitraums verursacht hat. Die Stromrechnung enthält normalerweise eine Aufschlüsselung des Gesamtverbrauchs in Kilowattstunden sowie den entsprechenden Preis pro Kilowattstunde.

Ihr Verbrauch wird durch einen Stromzähler erfasst, der den Stromfluss misst und die verbrauchten Kilowattstunden zählt. Bei der Abrechnung multipliziert der Energieversorger den Verbrauch in Kilowattstunden mit dem vereinbarten Preis pro Kilowattstunde, um Ihnen den Gesamtbetrag in Rechnung zu stellen.

2.1 Strom im Haushalt messen

Die einfachste Methode, den Energiebedarf eines Geräts zu messen, ist ein *Strommessgerät*, das Sie zwischen die Anschlussleitung und die Steckdose stecken (siehe Abbildung 2.1). Auf dem Display können Sie dann einfach den Verbrauch des Geräts ablesen.

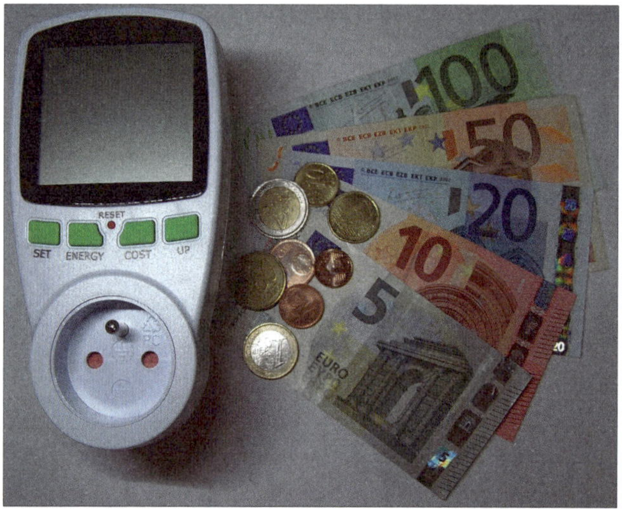

Abbildung 2.1 Mit einem Strommessgerät moderner Bauart können Sie schon einfach Geld sparen

Solche Strommessgeräte gibt es in vielen Formen und Varianten, Sie können sie in jedem Elektrofachmarkt kaufen. Die einfache Variante ist mit einem Display ausgestattet und gibt einfach aus, wie viel Strom gerade durch das Gerät fließt.

Abbildung 2.2 Ein einfaches Verbrauchsmessgerät

Diese Steckermessgeräte bieten aber oft auch eine Summenfunktion, um den Verbrauch über die Zeit zu messen. So können Sie das Strommessgerät beispielsweise eine Woche lang angeschlossen lassen und bekommen dann den gesamten in dieser Zeit angefallenen Verbrauch angezeigt, inklusive der Minimal- und Maximalwerte. Sie müssen den Verbrauch dann allerdings weiterhin selbst notieren.

Es geht aber noch einfacher. Die modernen Varianten eines solchen Strommessgeräts sind mit WLAN-Empfang ausgestattet und können in Ihr Netzwerk integriert werden (siehe Abbildung 2.3).

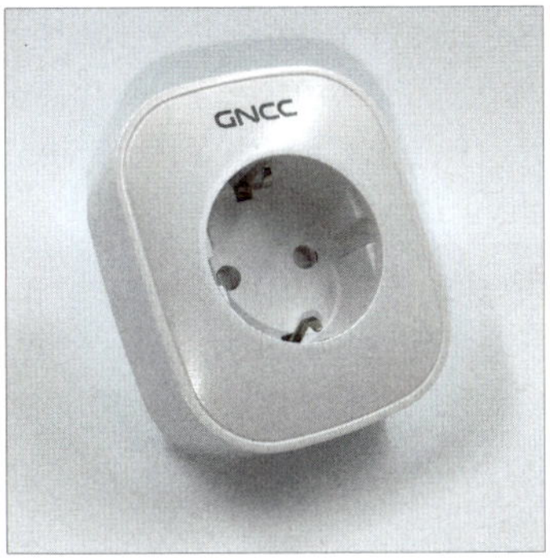

Abbildung 2.3 Steckdose mit Messfunktion und mit WLAN-Verbindung zu einer App

So können Sie die erfassten Verbrauchswerte automatisch mit einer App auf Ihrem Smartphone abrufen, wie beispielsweise in Abbildung 2.4 zu sehen. Wie das geht, sollte in der beiliegenden Anleitung dokumentiert sein.

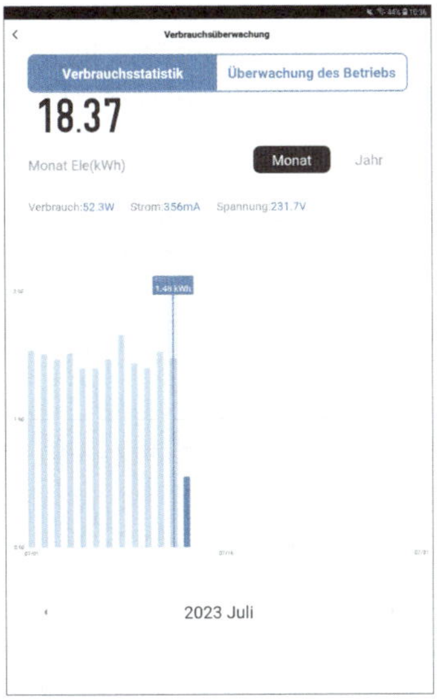

Abbildung 2.4 Verbrauchsübersicht einer Steckdose mit Messfunktion und Anbindung an eine App

Mithilfe solcher Strommessgeräte können Sie Ihren Verbrauch mit Ihrer Stromrechnung vergleichen und bei auffälligen Abweichungen gezielt nach den Verursachern suchen.

Müssen Sie so kompliziert vorgehen und alles vergleichen?

Sie müssen nicht Elektrotechnik studiert haben, um fundiert eine Entscheidung über Ihren Stromverbrauch treffen zu können. Konzentrieren Sie sich bei der Bestrebung, Strom zu sparen, auf das Wesentliche, denn Sie werden mit dieser Methode genauso ans Ziel kommen. Wenden Sie das *Pareto-Prinzip* an, das besagt, dass etwa 20 % des Aufwands zu 80 % des gewünschten Ergebnisses führen. Sie müssen also Ihren Stromverbrauch nicht bis ins letzte Detail klären. Konzentrieren Sie sich auf die Verbraucher, die einen großen Anteil Ihres Stromverbrauchs ausmachen.

Die einfachste Methode ist daher, dort ein Messgerät in der Steckdose zwischenzuschalten. Das reicht vollkommen aus, um einen guten Überblick darüber zu bekommen, wo der meiste Strom verbraucht wird. So können Sie den größten Teil Ihres Stromverbrauchs zuordnen und wissen damit, welche Geräte in Ihrem Haushalt die größten Verbraucher sind.

Fangen Sie also erst einmal willkürlich bei den Geräten an, bei denen Sie die Steckdose gut erreichen, und messen Sie dort den Verbrauch. Sobald nach und nach die Verbräuche all dieser Steckdosen notiert sind, werden Sie ohne Probleme mehr als drei Viertel Ihrer Energieverbraucher erfasst haben. Wenn Sie diese notierten Verbräuche dann zusammenrechnen und mit Ihrer Stromrechnung vergleichen, werden Sie wahrscheinlich schon einen sehr guten Überblick bekommen. Und Sie werden auf diese Weise auch bereits den einen oder anderen Stromfresser identifiziert haben, der Ihnen vorher nicht bekannt war. Mit diesen gewonnenen Erkenntnissen haben Sie eine solide Basis, um entsprechend zu handeln und effektive Maßnahmen zur Energieeinsparung zu ergreifen.

Wattstunden im Jahr?

Was bedeutet *kWh/Jahr* eigentlich? Wieso wird eine Zeiteinheit noch mal mit einer Zeiteinheit angegeben?

Die kWh ist die Energiemenge, die ein Gerät benötigt, wenn es eine Stunde lang läuft. Nehmen wir an, dass Sie beispielsweise im Homeoffice einen Laptop mit 100 Watt benutzen, und Sie verwenden ihn an 5 Tagen in der Woche für jeweils 8 Stunden. Weiter gehen wir davon aus, dass Sie im Jahr 52 Wochen arbeiten. Dann hat der Laptop einen Energiebedarf von 208 kWh/Jahr.

$$100\ \text{W} \times 8\ \text{h} \times 5\ \text{Tage} \times 52\ \text{Wochen} = 208.000\ \text{Wh}$$

Das *Jahr* hat in diesem Fall also nichts mit der Zeiteinheit zur Messung der Energiemenge zu tun, sondern mit dem Zeitraum der Nutzung (und dem darin anfallenden Energieverbrauch).

2.2 Daten erfassen und protokollieren

Die reinen Zahlen zu notieren und ab und an mal mit vorherigen Werten zu vergleichen, ist eine gute Möglichkeit, um zu bemerken, wenn sich der Stromverbrauch verändert. Allerdings ist bei dieser Methode immer schon etwas Zeit vergangen, bis man eine Veränderung eindeutig erkennt. Das ist Zeit, in der dann leider schon Kosten angefallen sind.

Mit einer Tabellenkalkulation auf Ihrem Computer können Sie sich das Leben in dieser Hinsicht einfacher machen. Wenn Sie Ihren Energieverbrauch über Jahre hinweg in einer Tabelle protokollieren und erfassen möchten, bietet Ihnen zusätzlich eine grafische Aufbereitung der Daten einen großen Vorteil: Sie können mit einem Blick recht einfach und schnell Ihren Verbrauch im Auge behalten und auch Ausreißer sofort finden.

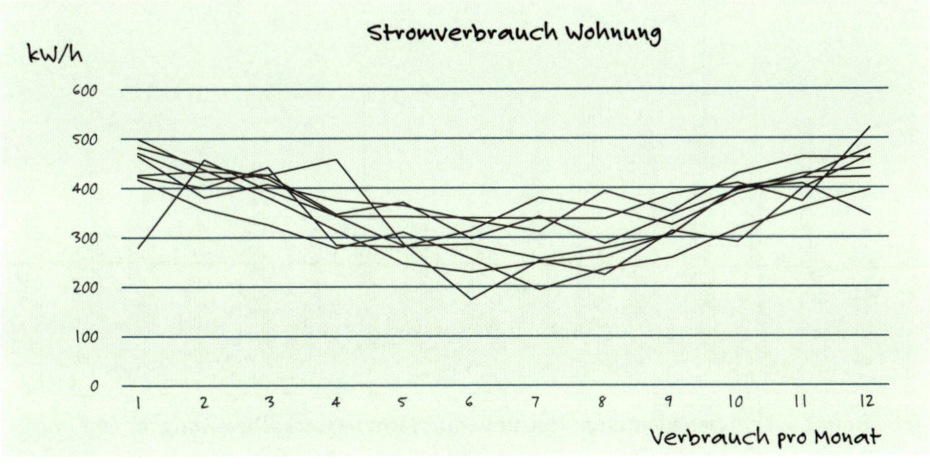

Abbildung 2.5 Jahresverbrauch eines Haushalts

In Abbildung 2.5 können Sie sehen, dass der jährliche Energiebedarf eines Haushalts über die Jahre hinweg recht gleichmäßig ist. Jede Linie in dieser Grafik repräsentiert ein Jahr, hier sind also die Stromverbräuche eines Haushalts aus acht Jahren zu sehen. Man kann den Unterschied zwischen Sommer und Winter erkennen und sieht auch, dass der Energiebedarf im Winter nicht so breit streut wie im Sommer. Die Unterschiede sind allerdings gering, und es lohnt sich nicht, weiter nachzuforschen, wie die

Unterschiede begründet sind. Die einzelnen Jahre, repräsentiert durch die Linien, wechseln sich in ihrer Höhe ab, es gibt also eine Änderung im Verbrauch über die Zeit hinweg, aber es lässt sich bei dieser Darstellung nicht erkennen, ob es einen Trend zu einem Mehrverbrauch gibt. Es ist nicht zu sehen, ob es mit der Zeit nun generell mehr oder weniger wurde oder ob sich die Jahre einfach abwechseln im Verbrauch. Dies könnte man wieder nur in den Zahlen direkt sehen. Aber warum nicht die Grafik mit einem Trend erweitern?

Anders sieht es in Abbildung 2.6 aus. Hier sind die Jahre hintereinander abgebildet, und die rote Linie ist ein errechneter Trend. (Mit Excel lassen sich solche Berechnungen einfach anstellen.) Hier handelt es sich um einen Haushalt mit einer Wärmepumpe mit Warmwasserspeicher. Deutlich sind die Unterschiede im Verbrauch zwischen Sommer und Winter zu sehen. Kälteeinbrüche sind als Spitzen in der Grafik zu erkennen. Und es ist auch zu sehen, dass der Trendverlauf, die rote Linie, leicht ansteigt. Gerade wegen der weniger stark auftretenden Spitzen könnte man mit einem kurzen Blick auf die Grafik annehmen, dass der Verbrauch über die Jahre weniger geworden ist. Aber das Auge täuscht einen, die Trendlinie steigt leicht an. Der Gesamtverbrauch ist also leicht gestiegen.

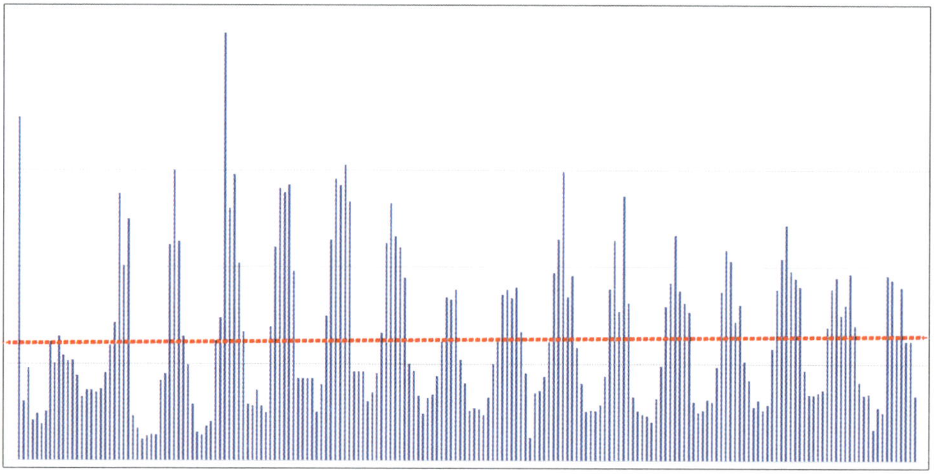

Abbildung 2.6 Energiebedarf einer Heizung mit Warmwasseraufbereitung im Jahr

Was ich Ihnen mit diesen beiden Grafiken zeigen will: Daten können täuschen. Egal wie genau Sie messen, wie viele Verbraucher Sie erfassen und welche ausgetüftelten Grafiken und Statistiken Sie sich daraus erstellen oder erstellen lassen – das Ergebnis kann Ihrem Gefühl widersprechen. Stolpern Sie daher nicht in die Selbstoptimierungsfalle und versuchen Sie nicht, Ihren Stromverbrauch noch genauer erfassen und messen zu wollen.

Der Mess- und Abrechnungszeitraum

Beim Vergleich Ihrer Aufzeichnungen des Energieverbrauchs mit der Rechnung Ihres Energieversorgers müssen Sie darauf achten, dass der Zeitraum der Rechnung und der der eigenen Aufzeichnungen übereinstimmt.

Wenn Sie das erste Mal einen Blick auf die Verbrauchswerte Ihrer Stromrechnung werfen, werden Sie kein Gefühl dafür haben, wie sich diese Menge Energie zusammensetzt, also welche Geräte in Ihrem Haushalt welchen Anteil daran haben. Aber auch ohne schon mit einem Messgerät im Haushalt die ersten Verbrauchswerte notiert zu haben, können Sie die eigene Rechnung bereits oberflächlich auswerten. Dazu müssen Sie nur wissen, welche Geräte in Ihrem Haushalt welchen Verbrauch haben.

Tabelle 2.1 gibt Ihnen einen groben Überblick darüber, mit welchem Jahresverbrauch Sie bei den gängigsten Geräten in einem Haushalt rechnen müssen. Es ist zwar immer besser, den Verbrauch Ihrer konkreten Geräte selbst zu messen, mit diesen Anhaltspunkten kommen Sie aber Defekten und Fehlern nach den ersten Messungen schneller auf die Spur: Wenn der Kühlschrank laut Label pro Tag eigentlich nur 0,5 kWh verbrauchen sollte, Sie aber 4 oder 5 kWh messen, stimmt irgendwas nicht.

Gerät	Verbrauch (kWh/Jahr)	Stromkosten bei 0,34 € (EUR/Jahr)
Kühlschrank alt (200 Liter)	300	102
Kühlschrank mit Energielabel »C« (300 Liter)	200	68
Kühlschrank mit Energielabel »F« (75 Liter)	105	36
Gefrierschrank alt (200 Liter)	500	170
Gefrierschrank mit Energielabel »B« (200 Liter)	115	40
Waschmaschine alt (100 Wäschen)	200	68
Waschmaschine mit Energielabel »B« (100 Wäschen)	51	18
Waschmaschine mit Energielabel »A« (100 Wäschen)	45	15
Wäschetrockner	400	136
Geschirrspüler alt	300	102
Geschirrspüler mit Energielabel »D«	85	29

Tabelle 2.1 Durchschnittliche Verbrauchswerte gängiger Geräte und Verbraucher

Gerät	Verbrauch (kWh/Jahr)	Stromkosten bei 0,34 € (EUR/Jahr)
Elektroherd, Induktion, Nutzung von der Familie	290 bis 340	99 bis 116
Elektroherd, Ceran, Nutzung von der Familie	360 bis 430	122 bis 146
Mikrowelle (15 min pro Tag)	91 bis 180	30 bis 61
Fernseher (LED, 42 Zoll) (51 kWh/1.000 Std.)	51	17
Fernseher (LED, 4k, 65 Zoll) (161 kWh/1.000 h)	162	55
Computer (Desktop) + Monitor (8 Stunden Nutzung pro Tag × 5)	416	142
Laptop (8 Stunden Nutzung pro Tag × 5)	208	70
Klimaanlage (Split, 2,5 kW)	1.200	408
Backofen mit Energielabel »A«, Umluft (wenn Sie einmal pro Woche Pommes machen)	20	7
Spielekonsole(n), 5 Stunden an 5 Tagen	91	30
Internetrouter/Netzwerkgeräte	30	10
Drucker, Tinte	4 bis 20	1 bis 6
Drucker, Laser	30 bis 100	10 bis 30
Reiskocher (20 min/Tag × 3 Tage/Woche)	26	9
Beamer (3 h/Tag × 5 Tage/Woche)	58	19
Föhn 600 Watt (5 min 5 × Woche)	13	4
Föhn 1.200 Watt (5 min 5 × Woche)	26	9
Rasenmäher 1,2 kWh 1 h im Sommer pro Woche	30	10
Rasenmäher 2,0 kWh 1 h im Sommer pro Woche	50	18
Warmwasseraquarium, 500 Liter	150 bis 500	50 bis 170
Warmwasseraquarium, 200 Liter	100 bis 200	34 bis 68

Tabelle 2.1 Durchschnittliche Verbrauchswerte gängiger Geräte und Verbraucher (Forts.)

Wenn Sie diese Daten dann in einer Tabelle gesammelt haben, können Sie ganz einfach mit Excel Visualisierungen wie beispielsweise Tortendiagramme erstellen, wie in Abbildung 2.7 gezeigt. Auf einen Blick können Sie dann sehen, wo das größte Einsparpotenzial liegt.

Abbildung 2.7 Übersicht über den Hausverbrauch

In Kapitel 3, »Strom (und Geld) sparen«, werden wir diese Auswertung mit den Durchschnittswerten der deutschen Haushalte vergleichen. Anhand Ihrer eigenen Daten können Sie dann feststellen, wie sich Ihr Verbrauch gegenüber anderen Haushalten verhält.

2.3 Wann laufen Verbraucher, und wann wird Strom verbraucht?

Die Geräte in Ihrem Haushalt lassen sich in mehrere Kategorien einteilen. Es gibt einmal die Dauerläufer, und dann gibt es die Geräte, die nur bei Bedarf eingeschaltet werden.

Beispielsweise wird Unterhaltungselektronik am Wochenende mehr genutzt als unter der Woche. Der Fernseher wird in der Regel erst abends eingeschaltet, und die Waschmaschine läuft meistens am Wochenende.

Bei der Datenerfassung der Verbräuche mithilfe der Strommesser werden Sie also Zeiträume haben, in denen mehr verbraucht wird, und Zeiträume, in denen Sie weniger verbraucht haben. Bei einigen Geräten hängt der Verbrauch aber auch von ihrer Funktionsweise ab und nur indirekt von Ihrer Benutzung. Welcher Zeitraum ist also der beste, um die Messung bei den verschiedenen Arten von Verbrauchern vorzunehmen?

- **Kontinuierlicher Betrieb**
  Einige Geräte wie Kühlschränke, Gefrierschränke oder Ihr Router laufen rund um die Uhr, da sie ständig Energie benötigen, um ihre Funktion aufrechtzuerhalten.

Hier können Sie den Stromverbrauch über einen kurzen Zeitraum von ein bis zwei Tagen messen. Dann können Sie sich ziemlich sicher sein, dass Sie den typischen Verbrauch erfasst haben.

- **Intermittierender Betrieb**
  Viele Haushaltsgeräte wie beispielsweise Waschmaschinen, Geschirrspüler oder Backöfen werden während des Betriebs aktiv und verbrauchen nur Strom, wenn sie eingeschaltet sind. Sobald der Zyklus abgeschlossen ist, wird der Stromverbrauch reduziert oder geht auf null zurück. Hier sollten Sie die Messung über einen längeren Zeitraum von mindestens einer Woche laufen lassen. So können Sie sicher sein, alle Betriebszustände erfasst zu haben, wie sie beispielsweise bei einem Geschirrspüler oder einer Mikrowelle auftreten. Bei einer Waschmaschine und einem Backofen ist es schon schwieriger. Dort messen Sie am besten einen Waschvorgang oder einmal Kuchenbacken und multiplizieren das Ergebnis mit der angenommenen Anzahl pro Monat. Wenn Sie also jedes Wochenende einen Kuchen backen, multiplizieren Sie die eine Messung mit vier. Waschen Sie zweimal die Woche, multiplizieren Sie die Messung mit acht, um den Monatsverbrauch zu erhalten. So erhalten Sie auch automatisch einen Durchschnitt der verschiedenen Waschgänge.

- **Stand-by-Modus**
  Einige Geräte wie Fernseher, Computer oder Unterhaltungselektronik haben einen Stand-by-Modus, in dem sie weiterhin eine gewisse Menge an Strom verbrauchen, selbst wenn sie nicht aktiv genutzt werden. Das Stand-by verbraucht eine geringe Menge Strom, die laut EU-Richtlinie unter einem Watt pro Gerät liegen sollte. Wenn Sie also nur den Verbrauch messen, während der Fernseher genutzt wird, würden Sie den Verbrauch ignorieren, der während der restlichen Zeit auftritt. Je nach Gerät kann der Stand-by-Verbrauch allerdings einen nicht unerheblichen Anteil am Gesamtverbrauch des Geräts ausmachen. Denn eine Richtlinie ist nicht verpflichtend, und manche Geräte können einen mit Ihrem Stand-by-Verbrauch überraschen.

- **Benutzerabhängiger Betrieb**
  Geräte wie Lampen, Ventilatoren oder Elektrogeräte werden lediglich dann eingeschaltet, wenn Sie sie benötigen. Ein Stromverbrauch fällt bei diesen Geräten also nur an, wenn sie eingeschaltet und benutzt werden. Hier können Sie eine Messung während des Betriebs vornehmen und die vermutete Anzahl an Stunden oder Minuten als Grundlage für die Verbrauchsberechnung nehmen. Allerdings ist dieser Verbrauch oft so gering, dass sich der Aufwand nicht lohnt. Pareto-Prinzip: Einfach ignorieren.

Wenn Sie mit Ihrem Balkonkraftwerk dann einmal Ihren eigenen Strom produzieren, sollten Sie darauf achten, dass er auch direkt von Ihnen verbraucht werden kann. So können Sie Ihre Stromrechnung am effektivsten reduzieren, und die Investition macht sich schneller bezahlt. Aber da Sie keinen Einfluss darauf haben, wann die Sonne gerade mit voller Kraft scheint, bleibt als Stellschraube nur die Verbrauchsseite.

Das heißt: Je flexibler Sie entscheiden können, wann Sie Ihren Strom verbrauchen, desto sinnvoller ist ein Balkonkraftwerk für Sie. Falls Ihr Verbrauch etwa unverrückbar nachts stattfinden muss, nutzt Ihnen eine hohe Stromproduktion in den Mittagsstunden leider wenig. (Theoretisch könnten Sie mit einem Batteriespeicher tagsüber Strom sammeln und ihn dann nachts verbrauchen. Warum das in der Praxis keine gute Idee ist, erkläre ich Ihnen in Kapitel 10, »Energieversorgung mit Speicher«.)

Andersherum sieht es besser aus: Wenn es möglich ist, dass große Verbraucher wie Waschmaschinen dann laufen, wenn auch gerade die Sonne scheint, ist ein Balkonkraftwerk gut für Sie geeignet.

Sie richten also quasi Ihr Leben nach der Sonne aus. Hört sich verrückt an, oder? Versuchen Sie einfach, pragmatisch zu bleiben. Wenn es funktioniert, dass Sie die Waschmaschine anwerfen, wenn die Sonne scheint, ist es gut gelaufen. Wenn nicht, geht die Welt auch nicht unter.

Wie können Sie den Stromverbrauch von Stand-by-Geräten reduzieren?

Haben Sie bei Ihren Messungen ein Gerät gefunden, dessen Stand-by-Verbrauch unerhört hoch ist? Oder haben Sie generell viele Geräte, die im Stand-by sind und so in Summe was ausmachen? Um den Stand-by-Verbrauch von Geräten zu verhindern, können Sie sogenannte Master/Slave-Steckdosen verwendet. Hier sind einige Beispiele:

- **Unterhaltungselektronik**

  Fernseher, DVD-Player, Verstärker und andere Geräte in einem Heimkino-Setup können an eine Master/Slave-Steckdose angeschlossen werden. Wenn der Fernseher als Master-Gerät erkannt wird und Sie ihn ausschalten, schaltet die Master/Slave-Steckdose automatisch alle Slave-Geräte (z. B. DVD-Player, Verstärker) ebenfalls aus.

- **Computer und Büroarbeitsplatz**

  Bei einem Desktopcomputer können Sie die Peripheriegeräte wie Monitor, Drucker und Lautsprecher an Slave-Steckdosen anschließen, während der Computer selbst als Master-Gerät fungiert. Wenn der Computer heruntergefahren oder in den Ruhezustand versetzt wird, schaltet die Master/Slave-Steckdose automatisch alle weiteren Geräte aus.

Das alles geht sogar noch komfortabler, dazu brauchen Sie jedoch Smart-Home-Steckdosen und/oder Lampen und eine entsprechende App auf Ihrem Smartphone als Schaltzentrale. Dann können Sie zeitabhängige Regeln festlegen und Geräte auch unterschiedlich behandeln. Hört sich zunächst kompliziert an, ist aber gar nicht so schwierig. Darum geht es kurz in Abschnitt 4.3, »Ausblick: Systeme für das Smart Home«.

2.4 Die Grundlast Ihres Haushalts

Wir haben bislang nur über den Verbrauch gesprochen, wenn Geräte eingeschaltet werden, und nur am Rande über die Dauerläufer Ihres Haushalts. Denn die gehören zur Grundlast Ihres Haushalts. Was ist nun diese *Grundlast*?

In einem Haushalt gibt es Geräte, auf die man nicht verzichten kann, und Verbraucher, die immer eingeschaltet sind und Strom benötigen. Der Herd und der Kühlschrank sind zwar beide unverzichtbar in unserem modernen Leben, aber nur der Kühlschrank stellt eine Grundlast dar, weil dieser ständig eingeschaltet ist. Insbesondere bei Homeoffice-Arbeitern ist die Tagesgrundlast gut mit einem Balkonkraftwerk bedienbar.

Die Grundlast eines Haushalts bezieht sich also auf den kontinuierlichen Grundstromverbrauch, den Stromverbrauch, der immer da ist, der unabhängig von Veränderungen im Verbrauchsmuster oder der Nutzung der Bewohner konstant bleibt. Bei einer Darstellung des täglichen Stromverbrauchs ist der durchgehende Sockel in Abbildung 2.8 die Grundlast.

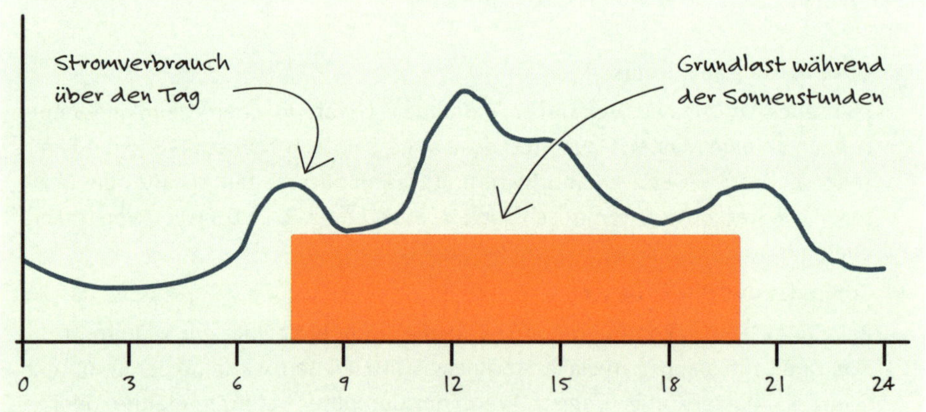

Abbildung 2.8 Die Grundlast Ihres Stromverbrauchs während der Sonnenstunden ist hier in Gelb eingezeichnet.

Typischerweise umfasst die Grundlast den Stromverbrauch von Kühlschränken, Gefrierschränken, Warmwasserboilern, ständig eingeschalteten elektronischen Geräten, Geräten im Stand-by-Modus sowie Geräten mit einer ständig eingeschalteten

Beleuchtung, beispielsweise in einem Aquarium. Die Höhe der Grundlast ist je nach Haushalt unterschiedlich und stark abhängig von der Anzahl und Art der verwendeten Geräte.

Im Rahmen dieses Buchs ist für uns die Grundlast während der Sonnenstunden interessant und wichtig. Diesen Verbrauch können Sie mit einem Balkonkraftwerk am zuverlässigsten decken, daher ist für die Frage, ob ein 300-Watt- oder ein 600-Watt-Balkonkraftwerk sinnvoller ist, entscheidend, wie hoch Ihre Grundlast tagsüber ist. Es geht also eigentlich um die Grundlast Ihres Haushalts während der Sonnenstunden und nicht um die deutlich geringere Grundlast in der Nacht.

Wie können Sie nun vorgehen, um die Sonnenstundengrundlast Ihres Haushalts zu ermitteln?

Die genaue Methode

Die Grundlast Ihres Haushalts können Sie mit der folgenden Methode ziemlich genau herausfinden:

1. Notieren Sie über einen Zeitraum von einigen Tagen oder idealerweise einer Woche in regelmäßigen Abständen den aktuellen Stromverbrauch, beispielsweise alle ein oder zwei Stunden. Da für unsere Betrachtung hauptsächlich die Grundlast während der Sonnenstunden interessant ist, erfassen Sie diese Verbrauchswerte nur am Tag.

   Dazu können Sie einfach den Zählerstand Ihres Stromzählers ablesen, der den Verbrauch Ihres gesamten Haushalts anzeigt. Der angezeigte Verbrauch ist auf der Anzeige eines solchen Stromzählers einfach zu finden, es ist die Zahl, hinter der ein »kWh« steht.

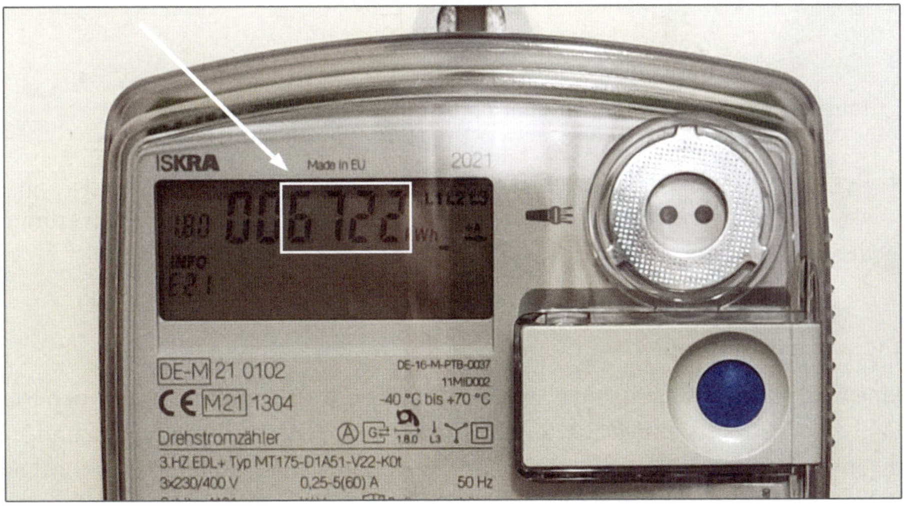

Abbildung 2.9 Stromzähler mit Anzeige des Verbrauchs in kWh

2. Lassen Sie in der Zeit keine großen Verbraucher wie die Waschmaschine, den Geschirrspüler, den Backofen, die Klimaanlage oder ein elektrisches Heizgerät laufen. Versuchen Sie, den Stromverbrauch auf die üblichen, grundlegenden Verbraucher zu beschränken. Notieren Sie sich die abgelesenen Verbrauchswerte.

   Bei mir sieht das beispielsweise wie in Tabelle 2.2 aus.

Uhrzeit	Stand des Zählers
9:00	6722
11:00	6723
13:00	6725
15:00	6726
17:00	6728
19:00	6729

Tabelle 2.2 Verbrauchswerte, notiert alle zwei Stunden

3. Summieren Sie die notierten Verbrauchswerte und teilen Sie sie durch die Anzahl der Sonnenstunden des Tages. So erhalten Sie den durchschnittlichen Stromverbrauch pro Stunde, in diesem Fall rund 7 kWh. Geteilt durch die zehn Stunden, in denen ein Balkonkraftwerk Strom produzieren kann, ergibt dies einen Durchschnittsverbrauch von etwa 0,7 kWh pro Stunde, also etwa 700 Watt pro Stunde.

Summe	Durchschnitt
7	0,7

Tabelle 2.3 Summe und Durchschnitt pro Stunde

4. Der so ermittelte Durchschnittswert entspricht der Grundlast Ihres Haushalts, also dem Stromverbrauch, der immer vorhanden ist. Dies ist der Stromverbrauch, den Sie mit Ihrem Balkonkraftwerk abdecken können.

Die schnelle Methode

Eine weit pragmatischere und schnellere Methode, die Grundlast des eigenen Haushalts zu ermitteln, sieht so aus: Summieren Sie den Verbrauch der großen und ständigen Verbraucher, die während der Sonnenstunden laufen, und nehmen Sie diesen Wert als Basis für die Grundlast.

Wie Sie in Tabelle 2.4 sehen, können Sie eine einfache Liste erstellen und den jeweiligen Momentanverbrauch der Geräte auflisten. In diesem Beispiel ergibt das einen Momentanverbrauch von 155 Watt.

Dieser Wert macht aber wahrscheinlich noch nicht die gesamte Grundlast Ihres Haushalts aus. In der Regel können Sie den Wert um 50 oder 100 % erhöhen, denn Sie haben sicher das eine oder andere Gerät vergessen, beispielsweise den Internetrouter oder den Drucker. In diesem Beispiel können Sie also von einer realen Grundlast um die 250 bis 300 Watt pro Stunde ausgehen.

Verbraucher	Momentanverbrauch
Kühlschrank	20 Watt
Medienserver	35 Watt
PC und Monitor	90 Watt
Stand-By-Geräte	10 Watt
Gesamt	**155** Watt
Puffer (~ 75 %)	~ 270 Watt

Tabelle 2.4 Auflistung der bekannten ständigen Verbraucher

Die rechnerische Methode

Sie können Ihre Grundlast auch errechnen, indem Sie Ihren Jahresverbrauch nehmen und ihn auf den durchschnittlichen Verbrauch pro Stunde herunterrechnen. Sie gehen dabei rechnerisch den umgekehrten Weg, als in der ersten Methode. Wenn Sie den Jahresverbrauch auf eine einzelne Stunde heruntergerechnet haben, dann multiplizieren Sie diesen mit 1,5, um den Unterschied Ihres Stromverbrauchs zwischen Tag und Nacht zu simulieren. So haben Sie die ungefähre Grundlast Ihres Haushalts ermittelt.

Egal mit welcher Methode Sie arbeiten: Sie sollten nun eine grobe Idee davon haben, wie viel Strom Sie grundsätzlich tagsüber verbrauchen. Darauf basierend können Sie entscheiden, ob ein kleines 300-Watt-Balkonkraftwerk geeignet ist oder ein großes mit 600 oder sogar 800 Watt.

Nimmt man die Statistiken der Energieversorger als Grundlage, sieht man, dass diese bei der Energieversorgung 50 % des Verbrauchs als immer vorhandene Grundlast ansetzen. Diesen Erfahrungswert machen wir uns hier zu nutze.

Nehmen wir als erstes Beispiel einen Jahresverbrauch von 3.000 kWh, das entspricht einem Zweipersonenhaushalt mit Warmwasseraufbereitung durch Strom. Wir halbieren den Jahresverbrauch, um die Grundlast zu erhalten, und führen die Berechnung dann weiter, bis wir zum Momentanverbrauch gelangen:

> 3.000 kWh / 2 = 1.500 kWh Jahresverbrauch / 365 = 4,1 kWh am Tag / 24 = 172 Watt in der Stunde → 172 × 1,5 = 256 Watt → 1 Solarmodul

In diesem Fall reicht ein kleines 300-Watt-Balkonkraftwerk mit einem Solarmodul gerade noch aus, um die Grundlast des Haushalts zu unterstützen. Es wird nur wenig Überschussenergie erzeugt, die dann ans Stromnetz des Energieversorgers abgegeben wird.

Als zweites Beispiel dient ein Vierpersonenhaushalt mit 4.800 kWh Jahresverbrauch. Wir wenden wieder die gleiche Methode an:

> 4.800 kWh / 2 = 2.400 kWh Jahr / 365 = 6,6 kWh am Tag / 24 = 273 Watt in der Stunde → 273 × 1,5 = 411 Watt → 2 Solarmodule

In diesem Szenario würde sich ein großes 600-Watt-Balkonkraftwerk mit zwei Solarmodulen anbieten.

Sollten Sie die Grundlast zu hoch ansetzen, werden Sie damit möglicherweise an manchen Tageszeitpunkten den tatsächlichen Verbrauch übersteigen.

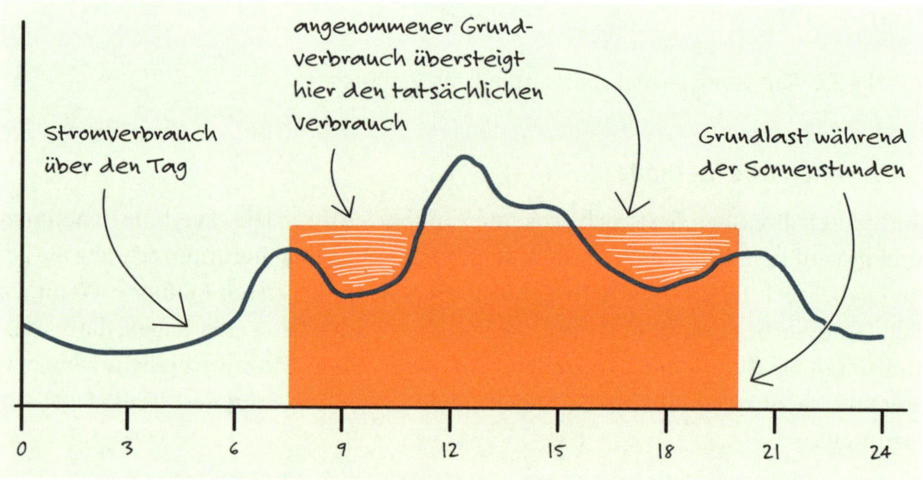

Abbildung 2.10 Der Grundverbrauch ist zu hoch angesetzt und übersteigt zeitweise den tatsächlichen Verbrauch.

Jede der gezeigten Methoden, mit denen Sie Ihre Grundlast ermittelt haben, hat ihre Stärken und Schwächen. Keine davon wird genau stimmen, der Verbrauch ist in jedem Haushalt von den Gewohnheiten der Personen und den verwendeten Geräten abhängig. Manche Haushalte haben mehr ständig laufende Geräte als andere, die einen haben viel Unterhaltungselektronik in ihrer Wohnung, während andere sehr spartanisch eingerichtet sind. Versuchen Sie also nicht, zu genau vorzugehen, und erwarten Sie bitte nicht eine absolut genaue Zahl am Ende der Rechnung. Die obigen drei Rechenmethoden sollen Ihnen nur einen groben Anhaltspunkt geben, um damit die Entscheidung für ein großes oder kleines Balkonkraftwerk besser fällen zu können.

2.5 Ein Balkonkraftwerk für Grundlast oder Spitzenlast?

Ein Balkonkraftwerk sollte so dimensioniert sein, dass es zu der Grundlast passt, die bei Ihnen während der Sonnenstunden anfällt. Das sorgt dafür, dass Sie den selbst erzeugten Strom optimal nutzen und nicht zu viel unverbraucht ins Netz einspeisen. Folglich sollte nicht viel mehr Strom erzeugt werden, als Sie tatsächlich verbrauchen. Es entsteht zwar kein Nachteil für Sie, wenn ein Teil Ihres selbst erzeugten Stroms ins Netz abgegeben wird, aber Sie haben auch nichts davon. »Zuviel« erzeugter Strom wirkt sich nicht positiv auf Ihre Stromrechnung aus, da Sie keine *Einspeisevergütung* erhalten und Ihr Zähler auch nicht rückwärtslaufen darf. (Dies könnte sich in naher Zukunft mit dem neuen Balkonkraftwerkegesetz ändern.)

Abbildung 2.11 zeigt einen solchen Fall. Der orangefarbene Bereich ist die durch das Balkonkraftwerk erzeugte Energie, und die blaue Linie ist der Verlauf des Stromverbrauchs über den Tag. In zwei Zeiträumen kommt es zu einer höheren Stromerzeugung durch das Balkonkraftwerk, als in diesem Moment im Haushalt verbraucht wird.

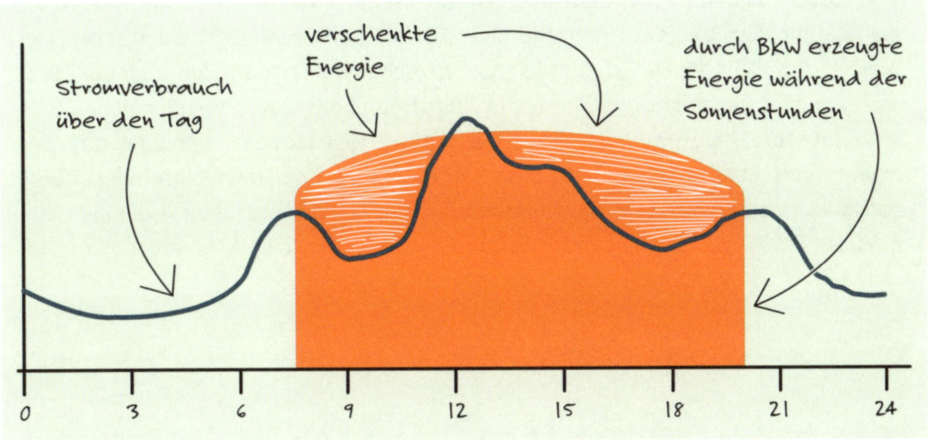

Abbildung 2.11 Energieerzeugung des Balkonkraftwerks im Vergleich zum Stromverbrauch des Haushalts

Diesen ungünstigen Fall sollten Sie (momentan noch) vermeiden, wenn Sie keine Energie verschenken möchten, die Sie mit Ihrem Balkonkraftwerk selbst erzeugt haben.

Aus eigener Erfahrung kann ich Ihnen aber sagen, dass es eher die Ausnahme ist, dass Sie mit einem Balkonkraftwerk den Energieverbrauch vollständig abdecken können. Insbesondere wenn Sie im Homeoffice arbeiten, brauchen Sie sich keine weiteren Gedanken zu machen: Ein Balkonkraftwerk wird sich für Sie lohnen.

Sollten Sie allerdings morgens die Wohnung verlassen und erst abends zurückkommen, kann die Sache schon etwas anders aussehen. Ist während der gesamten Zeit außer dem Kühlschrank nichts in der Wohnung eingeschaltet, während draußen die Sommersonne auf die Solarzellen brennt, dürfte sich ein normales Balkonkraftwerk finanziell nicht für Sie lohnen. Für diesen Fall gibt es aber die Möglichkeit, Ihr Balkonkraftwerk mit einem Pufferspeicher auszurüsten oder mit einem Akku für die Nachteinspeisung zu erweitern. Dies wird in Kapitel 10, »Energieversorgung mit Speicher«, besprochen.

Einspeisevergütung

Mit Ihrem Balkonkraftwerk wollen Sie Strom erzeugen, den Sie selbst wieder verbrauchen. Anders sieht es mit großen Photovoltaikanlagen aus, die darauf ausgelegt sind, möglichst viel Strom ins Netz zu liefern. Dies wird dann über die sogenannte *Einspeisevergütung* bezahlt.

Laut der aktuellen Gesetzeslage greift diese jedoch erst bei größeren Anlagen, die mehrere Kilowatt produzieren. Für Ihre private Anlage ist die Einspeisevergütung daher nicht relevant.

Was jedoch in Zukunft wichtig werden könnte, ist die Frage, ob Ihr Stromzähler rückwärtslaufen darf, also dass überschüssiger Strom Ihren Gesamtverbrauch senkt. Aktuell ist dies nicht der Fall, aber es könnte sich schon bald ändern. Am 1. Januar 2024 soll ein neues Balkonkraftwerkgesetz in Kraft treten, das wahrscheinlich genau diesen Punkt adressieren wird: Es wird im Entwurf des Gesetzes davon geredet, dass bei einem Überschuss an Strom Ihr Stromzähler rückwärtslaufen darf – zumindest übergangsweise, bis ein neuer Stromzähler mit Rücklaufschutz einbaut wird, der dies verhindert.

Kapitel 3
Strom (und Geld) sparen

Es gibt eine pragmatische Herangehensweise zur Reduzierung Ihres Stromverbrauchs. Je nachdem, ob der Verbrauch unter, etwa gleich oder über dem Durchschnitt liegt, können Sie anders vorgehen, um die größten Stromverbraucher zu identifizieren und dauerhaft Ihre Energiekosten zu senken. Es geht um Überlegungen zur Neuanschaffung energieeffizienter Geräte und deren Amortisierungsdauer, aber auch um allgemeine Stromspartipps für den Alltag.

Bevor wir Ihren Stromverbrauch analysieren und nach den Hauptverbrauchern suchen, die signifikant zu Ihrer Stromrechnung beitragen, möchte ich erst mal mit Ihnen pragmatisch an die Sache herangehen. Wir orientieren uns am Stromspiegel und dem Durchschnittsverbrauch, den ich Ihnen in Abschnitt 3.2 vorstelle. Wenn Sie wissen, wie sich Ihr Verbrauch zum Durchschnitt aller Haushalte verhält, können Sie besser entscheiden, ob Handlungsbedarf besteht. Es bringt nur wenig, auch noch das letzte Watt aus dem Alltag herauszuoptimieren, aber schon wenige Handgriffe können einen besonders hohen Verbrauch absenken. Prüfen Sie daher, welcher Fall auf Ihren Haushalt zutrifft:

- **Ihr Stromverbrauch liegt unter dem Durchschnitt.**

  Wenn sich Ihr Stromverbrauch unterhalb des Verbrauchs eines Durchschnittshaushalts Ihrer Größe bewegt, werden Sie Ihren Verbrauch wahrscheinlich kaum reduzieren können. Sie brauchen gar nicht erst auf die Suche nach Stromfressern zu gehen. Es mag spannend sein, einmal alle Verbraucher zu messen und eine Übersicht zu erstellen, aber es wird sich eher nicht lohnen, Aufwand und Zeit dafür zu investieren. Sicherlich werden Sie das eine oder andere Gerät finden können, bei dem sich etwas optimieren ließe, aber die Einsparungen, die Sie erzielen könnten, wären kaum spürbar.

- **Ihr Stromverbrauch entspricht etwa dem Durchschnitt.**

  Wenn sich Ihr Stromverbrauch etwa im Durchschnittsbereich bewegt, gibt es Möglichkeiten, bei den großen Verbrauchern Einsparungen zu erzielen. Beginnen Sie, mithilfe der von Ihnen schon in Abschnitt 2.1, »Strom im Haushalt messen«, und Abschnitt 2.2, »Daten erfassen und protokollieren«, erfassten Daten die Top Ten Ihrer Stromverbraucher auszumachen. Überlegen Sie, wie lange es dauern würde, bis sich bei diesen zehn Geräten eine Investition in energieeffizientere Modelle amortisieren würde. Berücksichtigen Sie dabei die zu erwartenden Einsparungen auf die für das Gerät im Durchschnitt zu erwartende Lebensdauer: Ein Kühlschrank wird länger genutzt als der durchschnittliche Fernseher im Wohnzimmer. Bei anderen Geräten ist es ähnlich: Wie lange hält eine Waschmaschine, wie lange ein Reiskocher oder Wasserkocher? Ein kritischer Blick auf die Stromverbräuche und Gebrauchsgewohnheiten kann Ihnen helfen, diejenigen Geräte zu identifizieren, bei deren Austausch gegen energieeffizientere Modelle Sie langfristig Geld sparen können.

- **Ihr Stromverbrauch liegt deutlich über dem Durchschnitt.**

  Doch was ist, wenn Ihr Stromverbrauch deutlich über dem eines Durchschnittshaushalts liegt? Hier ist es unbedingt erforderlich, den Grund für den hohen Verbrauch zu finden. Starten Sie Ihre Ermittlungen, indem Sie die gemessenen Verbräuche Ihrer Haushaltsgeräte und Elektroniksysteme mit den vom Hersteller angegebenen Nominalverbräuche vergleichen. Gibt es Verbraucher, die außergewöhnlich viel Energie benötigen?

Nicht immer muss eine Fehlfunktion vorliegen: Vielleicht fahren Sie ein Elektroauto oder Elektroroller und laden regelmäßig zu Hause? Oder haben Sie einen Raum, in dem Sie Ihre geliebte Sammlung von Flipperautomaten präsentieren, während eine Klimaanlage, eine Frozen-Joghurt-Maschine und eine Popcornmaschine daneben fröhlich surren? Und nicht zu vergessen der vertrauenswürdige, aber doch etwas antiquierte Kühlschrank im Hobbykeller, der so bequem in Reichweite steht und immer einen kühlen Schluck bereitstellt?

Das mögen lieb gewonnene Gewohnheiten und Hobbys sein, sie benötigen aber trotzdem viel mehr Strom, als Ihnen möglicherweise bewusst ist. Manchmal lässt sich beispielsweise mit einer Zeitschaltuhr ein ständig laufendes Gerät nur zu den benötigten Zeitpunkten automatisch einschalten. So können Sie den Verbrauch unter Umständen deutlich reduzieren, ohne Ihre Gewohnheiten zu ändern.

Laut dem Vergleichsportal Verivox wird mehr als die Hälfte des Stroms in deutschen Haushalten in der Küche verbraucht (siehe Abbildung 3.1). Die nächsten 17 % macht die Kategorie »Information und Kommunikation« aus, also die ganzen Fernseher, Handys und Computer, die sich in einem Haushalt ansammeln. Wenn Sie diese beiden Bereiche ins Visier nehmen und dort kritisch prüfen, was Sie wirklich brauchen und was vielleicht auch einmal ausgeschaltet oder gar ausrangiert werden kann, kommen Sie schon sehr weit.

Um Ihren Verbrauch zu verringern, ist es also wichtig, die größten Stromfresser zu identifizieren und zu überwachen. Nehmen Sie sich die Zeit, den Verbrauch dieser Geräte zu messen und aufzuschreiben.

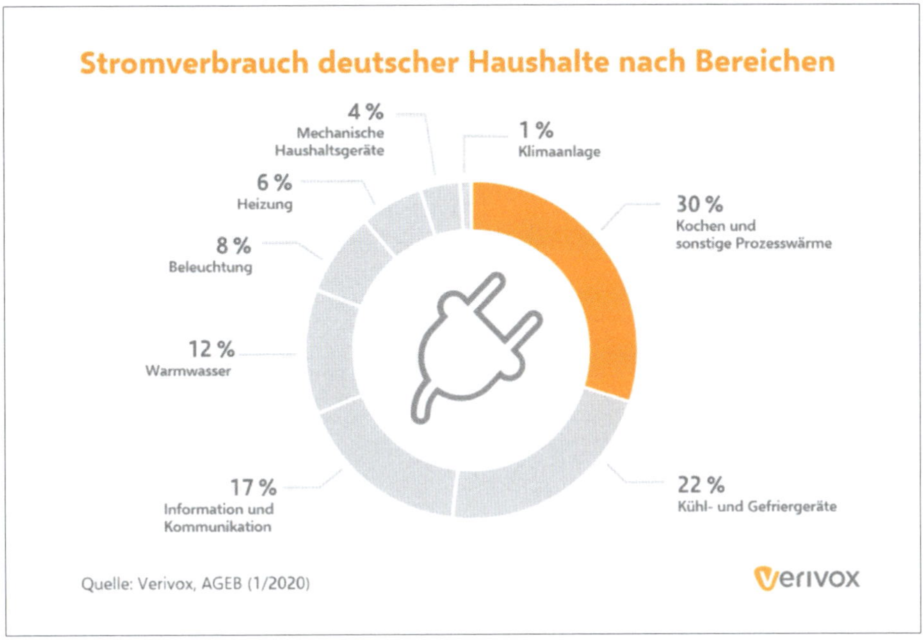

Abbildung 3.1 Der Stromverbrauch deutscher Haushalte. Den vollständigen Bericht finden Sie unter https://www.verivox.de/strom/verbraucheratlas/stromverbrauch-haushalte/

Bedenken Sie dabei, dass die Nutzung von Unterhaltungselektronik an Wochenenden und unter der Woche unterschiedlich sein kann. Ein Fernseher, der wochentags erst nach der Arbeit eingeschaltet wird, kann am Wochenende schon mal den ganzen Tag über laufen. Auch Einpersonenhaushalte neigen oft dazu, den Fernseher ständig laufen zu lassen, um sich durch die Hintergrundbeschallung nicht einsam zu fühlen.

Wenn Sie die Top Ten Ihrer Stromfresser auflisten, werden Sie möglicherweise die eine oder andere Überraschung erleben. Manche Geräte sollten eigentlich viel sparsamer sein, und andere Geräte, die Sie eher als Stromfresser in Verdacht hatten, tauchen bei der Siegerehrung gar nicht auf.

Wenn Sie den theoretischen und den realen Verbrauch vergleichen und diese weit auseinanderliegen, kann das oft auf die Umgebung zurückgeführt werden, in dem das Gerät betrieben wird.

Die Angaben zum Verbrauch von Kühlschränken werden beispielsweise für eine Umgebungstemperatur von 16 °C gemacht. Wenn ich die Herstellerangaben meines Kühlschranks mit den gemessenen Werten vergleiche, liegt der reale Verbrauch etwa 20 bis 25 % höher. Abgesehen davon, dass ich möglicherweise das Gefrierfach mal wieder enteisen sollte, spielt auch die Raumtemperatur eine Rolle. In meiner Wohnung liegt die Raumtemperatur in der Regel bei 20 bis 22 °C, im Sommer oft noch höher. Der Kühlschrank wird aus diesem Grund beim Öffnen der Tür die eintretende

Luft stärker herunterkühlen müssen als bei den Referenzmessungen des Herstellers. Das verursacht wahrscheinlich meinen Mehrverbrauch gegenüber den Herstellerangaben.

Dies sind aber nicht die einzigen Abweichungen beim Verbrauch. Die Temperatur in der Wohnung spielt eine größere Rolle, als Sie wahrscheinlich denken. Die folgenden zwei Abbildungen zeigen Ihnen den Verbrauch eines Kühlschranks an. An einem Tag mit einer typischen Raumtemperatur von etwas über 20 °C (siehe Abbildung 3.2) benötigt dieser 0,37 kWh.

Abbildung 3.2 Kühlschrank an einem Tag mit einem hohen Verbrauch

Dann steigt der Verbrauch im Lauf der Woche aber auf 0,53 kWh an. Der Grund dafür ist eine Hitzewelle (siehe Abbildung 3.3), bei der die Temperatur in der Wohnung zum Schluss auf 29 °C gestiegen ist. Dies verursachte einen Mehrverbrauch von 0,16 kWh pro Tag. Auf das Jahr hochgerechnet, sind das etwa 58 kWh.

Es macht also beim Verbrauch einen Unterschied, in welchem Klima ein Kühlschrank genutzt wird, ob beispielsweise jemand den gleichen Kühlschrank in Helsinki oder in Singapur aufstellt. Die Angaben des Herstellers spiegeln nicht die Realität wider.

Abbildung 3.3 Kühlschrank an einem Tag mit einem niedrigeren Verbrauch

Bei der Waschmaschine ist es ähnlich. Der vom Hersteller angegebene Stromverbrauch bezieht sich auf einen Wasseranschluss, aus dem das kalte Wasser aus dem Wasseranschluss eine Temperatur von 16 °C hat und die Wäsche immer nur eine Teilladung ist, die mit dem 30 °C-Ökowaschprogramm gereinigt wird. Das ist alles recht weit von der Realität entfernt, besonders im Winter hat das Kaltwasser bei uns eine niedrigere Temperatur.

Echte und theoretische Stromfresser

Theorie und Praxis sind immer zwei Paar Schuhe. Zum einen gibt es den theoretischen Verbrauch, der sich aus den Angaben des Herstellers errechnet, zum anderen hat man den selbst gemessenen Energieverbrauch der Geräte.

Es gibt viele Faktoren, die den Energieverbrauch von Geräten beeinflussen. Daher können die Angaben der Hersteller oft deutlich unter dem tatsächlichen Verbrauch liegen. Bei meinen Messungen haben viele Geräte mehr verbraucht als angegeben.

Besonders die großen Haushaltsgeräte, wie Waschmaschine und Kühlschrank, hatten einen deutlich höheren Verbrauch. Das wird auch bei Ihnen der Fall sein. Seien Sie also nicht überrascht, wenn Ihre Verbrauchsmessungen in vielen Fällen höher liegen, als die technischen Daten der Geräte versprechen. Wenn der Verbrauch jedoch um die Hälfte oder mehr über dem vom Hersteller angegebenen Wert liegt, ist es wahrscheinlich, dass ein Defekt vorliegt.

Fehler bei den Messungen

Folgendes kann passieren: Der gemessene Verbrauch eines Geräts entspricht nicht dem angegebenen oder dem echten Verbrauch. Entweder hat das Messgerät nicht richtig funktioniert, oder beim Notieren der Werte wurde eine Zahl vergessen.

Der übliche Satz wäre nun: »Überprüfen Sie mögliche Fehler bei der Messung und stellen Sie sicher, dass alle Daten korrekt erfasst wurden.«

Das ist ein schlauer Satz, er hilft im Einzelfall aber wenig weiter. Wir machen es hier wieder pragmatisch: Wenn die Zahlen nicht richtig aufgehen und Ihr Bauchgefühl sich meldet, dann forschen Sie noch mal nach. Ansonsten werden Sie auch mit nicht absolut stimmigen Zahlen alle großen Stromfresser finden, denn der Verbrauch dieser Geräte fällt immer auf – auch ohne alles auf drei Stellen hinter dem Komma berechnet zu haben.

Dennoch sollten Sie die Geräte bei ihrer Nutzung genauer unter die Lupe nehmen, um herauszufinden, wo und wie Sie möglicherweise Einsparungen erzielen können. Vielleicht können Sie sie automatisch ein- und ausschalten lassen, wenn sie benötigt werden? So könnten Sie den Energieverbrauch ohne viel Aufwand reduzieren.

Oder lohnt sich der Einsatz einer Master/Slave-Steckdosenleiste, damit beispielsweise alle Geräte im Hobbykeller automatisch ausgeschaltet werden, wenn das Licht ausgeht? So könnte auch automatisch der Drucker und der USB-Hub ausgeschaltet werden, wenn der Computer ausgeschaltet wird. Es gibt auch fernschaltbare Steckdosen, die mithilfe von Alexa oder Google ein- und ausgeschaltet werden können oder bei denen Sie feste Zeiten programmieren können. Und es gibt natürlich auch noch die gute alte Mehrfachsteckdose mit einem Schalter, wie in Abbildung 3.4 zu sehen, mit der Sie ganz einfach alle angeschlossenen Geräte mit einem Klick ausschalten.

Ihnen stehen einige Möglichkeiten zur Verfügung, mit solchen »smarten« Hilfsmitteln Strom zu sparen, oft bewegt sich der dafür nötige Aufwand nur im Rahmen einer netten Bastelei am Abend.

Die Reduzierung Ihres Stromverbrauchs erfordert also Geduld, Analyse und möglicherweise ein paar kleine Investitionen. Spannen Sie Ihren Nachwuchs ein, wenn Sie einen haben – Kinder finden solche Detektivarbeit spannend und lernen was dabei.

Die Anstrengungen lohnen sich in jedem Fall, da Sie nicht nur die Umwelt entlasten, sondern auch langfristig Ihre Energiekosten senken können.

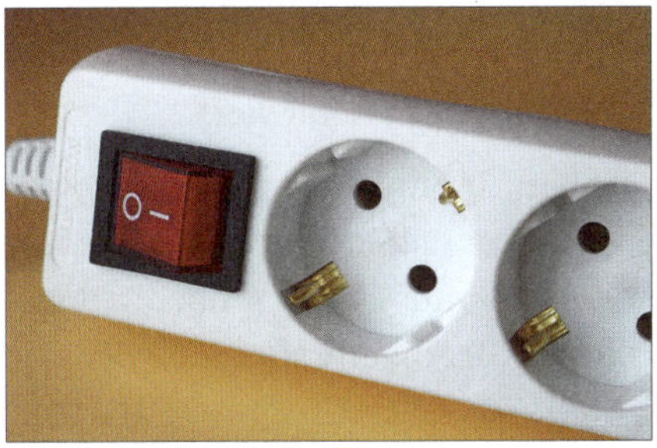

Abbildung 3.4 Einfach, aber praktisch: Mit einem Klick sinkt der Stromverbrauch

Stromkosten sind nicht Energiekosten

Stromkosten sind nicht gleichbedeutend mit Energiekosten, d. h., das Laden eines E-Autos kostet möglicherweise einiges an Geld für den Strom, aber Sprit von der Tankstelle wäre deutlich teurer pro gefahrenen Kilometer. Eine hohe Stromrechnung muss also nicht schlimm sein, wenn dadurch andere Kostenfaktoren wegfallen oder gemindert werden.

3.1 Kühlschrank, Computer, Durchlauferhitzer, Klimaanlage: Stromfresser finden

Für Kühlschränke wird empfohlen, dass diese nur so groß wie nötig sein sollten, denn unnötig gekühlter Raum würde ein Zuviel an Stromverbrauch verursachen. Das ist, rein physikalisch, sicherlich richtig. Allerdings hatte ich keinen Unterbaukühlschrank gefunden, der sparsamer war als einer der großen Kühlschränke. Die Energielabels der kleinen Kühlschränke waren alle in den Kategorien »D« bis »F« angesiedelt, während ich große Kühlschränke von der Kategorie »A« aufwärts finden konnte. Als Extrembeispiel habe ich einen großen Kühlschrank gefunden, der laut Hersteller nur 66 kWh im Jahr verbraucht, während der sparsamste kleine Kühlschrank einen Verbrauch von 90 kWh im Jahr hatte.

Wie Sie sehen, helfen einem pauschale Empfehlungen auch nicht immer weiter. Sie müssen auf die Details achten und schauen, was überhaupt erhältlich ist und in der Anschaffung in Ihr Budget passt.

Des Weiteren gibt es die klassischen Stromfresser im Haushalt: Durchlauferhitzer und die Klimaanlage, die Unterhaltungselektronik und Dinge wie eine Sauna oder ein Aquarium.

Wenn Sie eines oder mehrere der aufgeführten Geräte besitzen, stellen diese möglicherweise einen deutlichen Anteil an Ihrer Stromrechnung dar. Dies ist allerdings auch nur wieder eine pauschale Aussage. Es ist noch nicht klar, ob sie wirklich Stromfresser sind, aber sie sind auf jeden Fall eine Messung und einen genauen Blick auf das Typenschild oder die Herstellerangaben in der Anleitung zum Gerät wert.

Der Durchlauferhitzer im Gäste-WC oder Hobbykeller wird möglicherweise so selten genutzt, dass er keinen Kostenfaktor darstellt, aber können Sie dessen Temperatur vielleicht weiter herunterstellen? Auch das Aquarium muss nicht unbedingt ein Stromfresser sein. Messen Sie aber auf jeden Fall den Stromverbrauch. Das Gleiche gilt für Ihre Unterhaltungselektronik.

Machen Sie nun einmal einen Rundgang durch Ihre Wohnung oder Ihr Haus und achten Sie auf jedes Gerät und jede Lampe – einfach auf alles, was irgendwie an einen Stromkreis angeschlossen ist oder in einer Steckdose steckt.

3.2 »Ist das eigentlich viel?« – Den eigenen Verbrauch einordnen

Der *Stromspiegel* für Deutschland wird jährlich veröffentlicht und liefert Vergleichswerte für den Stromverbrauch von Privathaushalten. Er basiert auf einer Befragung von Haushalten und dient als Orientierungshilfe, um den eigenen Stromverbrauch besser einschätzen zu können. Anhand des Stromspiegels kann man herausfinden, ob es Handlungsbedarf gibt, um den eigenen Strombedarf zu optimieren.

Tabelle 3.1 liefert Ihnen dazu einen Überblick. Darin wird dargestellt, wie viel Strom in unterschiedlichen Gebäudearten im Durchschnitt verbraucht wird.

	Verbrauch in Kilowattstunden (kWh) pro Jahr				
Personen im Haushalt	**Gering**	**Niedrig**	**Mittel**	**Hoch**	**Sehr hoch**
Ein- oder Zweifamilienhaus (Warmwasser ohne Strom)					
1	bis 1.300	bis 1.600	2.000 bis 2.500	3.200 bis 4.100	ab 4.100
2	bis 2.000	bis 2.400	2.800 bis 3.000	3.500 bis 4.200	ab 4.200
3	bis 2.500	bis 3.000	3.400 bis 3.700	4.200 bis 5.000	ab 5.000
4	bis 2.700	bis 3.300	3.700 bis 4.000	4.700 bis 5.800	ab 5.800
5	bis 3.200	bis 4.000	4.500 bis 5.000	6.000 bis 7.500	ab 7.500

Tabelle 3.1 Der durchschnittliche Stromverbrauch deutscher Haushalte

	Verbrauch in Kilowattstunden (kWh) pro Jahr				
Personen im Haushalt	Gering	Niedrig	Mittel	Hoch	Sehr hoch
Ein- oder Zweifamilienhaus (Warmwasser mit Strom)					
1	bis 1.500	bis 1.900	2.300 bis 2.900	3.500 bis 5.000	ab 5.000
2	bis 2.400	bis 3.000	3.400 bis 3.800	4.500 bis 6.000	ab 6.000
3	bis 3.000	bis 3.500	4.000 bis 4.800	5.600 bis 7.000	ab 7.000
4	bis 3.500	bis 4.000	4.800 bis 5.500	6.400 bis 8.000	ab 8.000
5	bis 4.000	bis 5.000	6.000 bis 6.800	8.000 bis 1.000	ab 10.000
Wohnung oder Mehrfamilienhaus (Warmwasser ohne Strom)					
1	bis 800	bis 1.000	1.200 bis 1.500	1.600 bis 2.000	ab 2.000
2	bis 1.200	bis 1.500	1.800 bis 2.100	2.500 bis 3.000	ab 3.000
3	bis 1.500	bis 1.900	2.200 bis 2.600	3.000 bis 3.700	ab 3.700
4	bis 1.700	bis 2.000	2.500 bis 2.900	3.500 bis 4.100	ab 4.100
5	bis 1.700	bis 2.300	2.800 bis 3.500	4.200 bis 5.500	ab 5.500
Wohnung oder Mehrfamilienhaus (Warmwasser mit Strom)					
1	bis 1.000	bis 1.400	1.600 bis 2.000	2.200 bis 2.800	ab 2.800
2	bis 1.800	bis 2.300	2.600 bis 3.000	3.500 bis 4.000	ab 4.000
3	bis 2.500	bis 3.000	3.500 bis 4.000	4.500 bis 5.500	ab 5.500
4	bis 2.500	bis 3.200	4.000 bis 4.500	5.000 bis 6.000	ab 6.000
5	bis 2.400	bis 3.500	4.300 bis 5.200	6.200 bis 8.000	ab 8.000

Tabelle 3.1 Der durchschnittliche Stromverbrauch deutscher Haushalte (Forts.)

Wenn Sie Ihren Verbrauch, wie in Kapitel 2, »Wie viel Strom brauche ich überhaupt? – Messen und prüfen«, beschrieben, gemessen haben, können Sie Ihre Werte mit denen des Bundesdurchschnitts vergleichen:

- **Gering** – Sie verbrauchen weniger Strom als vergleichbare Haushalte.
- **Niedrig** – Sie verbrauchen weniger Strom als vergleichbare Haushalte, es könnte aber möglich sein, etwas zu sparen.

- **Mittel** – Sie liegen mit Ihrem Verbrauch im Durchschnitt. Sie werden sicherlich fündig, wenn Sie beim Verbrauch etwas sparen wollen.
- **Hoch** – Sie verbrauchen mehr als jeder zweite vergleichbare Haushalt. Stromsparen lohnt sich für Sie.
- **Sehr hoch** – Es ist Zeit zu handeln. Sie benötigen mehr Strom als 85 % aller vergleichbaren Haushalte.

Wenn Ihr Stromverbrauch deutlich über dem Durchschnitt liegt (und sich der Verbrauch auch nicht rechtfertigen lässt), sollten Sie aktiv werden und schauen, welche Einsparmöglichkeiten es gibt.

3.3 Halogenlampen, Dimmer und andere versteckte Verbraucher

Betrachten Sie einmal Ihre Lampen. Wie viele Leuchtmittel verwendet die Lampe, um den Raum zu erhellen? Ich habe beispielsweise im Bad eine Deckenlampe, in der anfänglich fünf Halogenstrahler gesteckt hatten. Keine Ahnung, was mich damals geritten hatte, mir diese Lampe ins Bad zu hängen, aber nun habe ich die Strahler gegen sparsame LED-Varianten ausgetauscht.

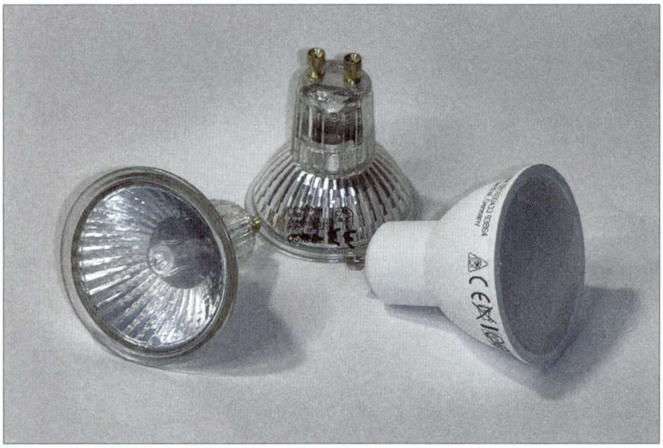

Abbildung 3.5 Die typischen Halogenlampen, wie sie oft noch im Haushalt zu finden sind. Rechts im Bild sehen Sie den modernen LED-Ersatz.

Als ich weiter über die Halogenlampen nachdachte, fielen mir zwei weitere Halogenbirnen ein, die in den Nachttischlampen steckten. Die ersetzte ich ebenfalls durch LED-Birnen. Bis zu dem Zeitpunkt war ich tatsächlich der Meinung, bislang sparsam mit Energie umgegangen zu sein.

Es versteckt sich immer irgendwo ein Verbraucher, dessen Stromverbrauch optimiert werden kann. Nehmen Sie sich 20 Minuten Zeit. Betrachten Sie jedes Ding, durch das Strom fließt, und notieren Sie sich die möglichen Kandidaten. Haben Sie Ihre Liste erstellt, können Sie sie in Ruhe durchgehen und den Verbrauch eines jeden Geräts nachschlagen oder in den folgenden Tagen einmal messen.

Haben Sie noch Dimmer, um die Leuchtkraft von Lampen zu reduzieren? Es gibt zwei Arten von Dimmern: Zum einen sind da die ganz alten, die einen Teil des Stroms in ihrem Inneren verheizen. Diese Dimmer erkennt man einfach daran, dass sie sehr warm werden. Solche Dimmer wurden früher gern im Partykeller oder Wohnzimmer anstelle des Lichtschalters eingebaut und sorgten für Stimmung. Diese Dimmer sind Stromfresser, ersetzen Sie sie gegen ein modernes Modell.

Die modernen Dimmer arbeiten mit einer stromsparenden Methode. Sie verursachen keinen höheren Verbrauch mehr wie die früheren Dimmer. Aber eine moderne LED-Lampe, die damit auf die halbe Helligkeit gedimmt wird, verbraucht nicht notwendigerweise nur die halbe Menge an Strom. Das Leuchtmittel muss dafür geeignet sein, gedimmt zu werden, ansonsten kann sich der Wirkungsgrad gegenüber Normalbetrieb verschlechtern, und es wird kaum Strom eingespart.

Was könnte noch Strom verbrauchen? Was steht noch auf Ihrer Liste? Gibt es einen Babyheizstrahler für den Windelwechsel? Der benötigt meist so um die 600 Watt. Das ist natürlich kein Gerät, das ersetzt oder abgeschafft werden sollte, schließlich soll Ihr Kind nicht beim Wechseln der Windel frieren. Aber falls Sie für einen Teil Ihres Stromverbrauchs nicht wissen, wie er zustande kommt, könnte dies ein Verbraucher sein, den Sie bislang noch nicht in die Rechnung aufgenommen hatten.

Besitzen Sie eine Toilette japanischer Bauart mit beheizter Klobrille? Oder lassen Sie das warme Wasser beim Zähneputzen einfach laufen?

Haben Sie noch einen IR-Strahler auf der Terrasse oder eine elektrische Heizung in der Werkstatt?

Wie sieht es mit dem Hobby aus? Töpfern Sie gern? Brennen Sie Ihre Töpferware in einem Brennofen? Oder sind Sie ein Heimwerker und stolz auf Ihre gut ausgestattete Werkstatt? Wie viel Strom verbraucht eigentlich so ein Dickenhobel? Oder die Tischkreissäge?

Wie viel Strom benötigt Ihr Elektrorasenmäher und der Elektrokantentrimmer? Wie oft und wie lange wird er genutzt?

Dies sind alles keine Geräte, die ich Ihnen madig machen möchte. Unser modernes Leben benötigt Strom, und viele Dinge erleichtern uns die Arbeit oder geben uns Entspannung und Lebensfreude. Ich wollte Ihnen nur einmal die »versteckten Verbraucher« ins Gedächtnis rufen. Möglicherweise hatten Sie diese bislang beim Stromverbrauch Ihres Haushalts nicht berücksichtigt, denn wenn Sie nur die offensichtlichen Geräte zusammenzählen, die Sie jeden Tag nutzen, wird noch eine deutliche Lücke zu dem Stromverbrauch existieren, den Ihnen Ihr Energieversorger jeden Monat in Rechnung stellt.

3.4 Stromfresser ersetzen

Sie haben nun in Abschnitt 2.1, »Strom im Haushalt messen«, und Abschnitt 2.2, »Daten erfassen und protokollieren«, Ihren Verbrauch gemessen, eine Liste Ihrer Elektrogeräte und der ganzen Unterhaltungselektronik erstellt und können jetzt die Verbraucher herausdeuten, die den größten Einfluss auf Ihre Stromrechnung haben.

Aber sind dies wirklich »Stromfresser«? Ein Stromfresser ist ein Gerät, dessen Verbrauch nicht mit dem im Einklang steht, was Sie aus dem Gerät für sich gewinnen. Ihre Sauna oder Ihr Whirlpool ist möglicherweise eine Sache, die zwar einiges an Energie kostet, aber trotzdem für Ihr Wohlbefinden und Ihr Lebensgefühl notwendig ist. Machen Sie sich keine Gedanken um Dinge, die Ihnen alles Geld der Welt wert sind. Entspannung und Gesundheit sind wichtiger als Stromkosten.

Anders sieht es bei Geräten aus, die Ihnen in einer energiesparenden Version genau das Gleiche bieten wie das derzeitige Modell. Ein 20 Jahre alter Kühlschrank kann ohne Weiteres gegen einen aktuellen ausgetauscht werden, und Sie werden keine Änderung verspüren – außer bei der Stromrechnung.

Den großen Plasma-TV könnten Sie auch gegen einen aktuellen Fernseher mit sparsamer LED-Hintergrundbeleuchtung ersetzen. Die alte Waschmaschine kann gegen ein energiesparenderes Modell ausgetauscht werden. Die Liste der Möglichkeiten ist lang.

Beim Kauf neuer Elektrogeräte sind verschiedene Faktoren zu berücksichtigen, um eine fundierte Entscheidung zu treffen. Neben der Qualität und den Funktionen spielt der finanzielle Aspekt natürlich eine wichtige Rolle. Beispielsweise ist zu überlegen, ob Sie durch den Kauf eines neuen Geräts genug Strom sparen, um die Kosten des Geräts langfristig zu rechtfertigen.

Eine der ersten Fragen, die oft auftauchen, ist: Was kostet die Anschaffung? Es ist wichtig, den Preis des gewünschten Geräts zu recherchieren und verschiedene Angebote zu vergleichen. Neben dem reinen Kaufpreis spielen die langfristigen Kosten, unabhängig vom Energieverbrauch, eine Rolle. Beispielsweise könnten Sie einen neuen Drucker kaufen, der um 50 % sparsamer ist als der alte Drucker. Aber die Tintenpatronen für diesen Drucker sind um 200 % teurer. Sie mögen also bei der Stromabrechnung etwas sparen, aber unterm Strich geben Sie mehr Geld aus. Bei jedem Gerät können Ihnen solche versteckten Kosten einen Strich durch die Rechnung machen.

Sprechen wir also über den Verbrauch des Altgeräts. Ältere Geräte verbrauchen oft mehr Energie als modernere Modelle. Überlegen Sie, wie viel Strom Ihre jetzigen Geräte verbrauchen und wie sich das auf Ihre Stromrechnung auswirkt. Ein moderneres, energieeffizienteres Gerät kann Ihnen auf lange Sicht Einsparungen bringen.

Was bedeuten die Energielabels?

Die Energielabels für Elektrogeräte sind eine EU-weite obligatorische Kennzeichnung. Dieses System soll die Käufer über die Energieeffizienz von Produkten informieren. Das System ist in verschiedene Klassen und Kategorien unterteilt, die von A+++ (höchste Effizienz) bis G (niedrigste Effizienz) reichen.

Abbildung 3.6 Jedes Haushaltsgerät ist mit einem Energieeffizienzlabel ausgezeichnet.

Das Label enthält normalerweise Informationen wie den Energieverbrauch des Geräts, den jährlichen Energieverbrauch oder auch die Lautstärke und andere relevante Details. Es zeigt eine Skala bestehend aus farbigen Balken oder Pfeilen, um die Effizienzklasse des Produkts visuell darzustellen, sodass Sie schnell einordnen können, was Sie da vor sich haben.

Durch diese Kennzeichnung können Sie die Energieeffizienz von verschiedenen Geräten einfach vergleichen und eine bessere Kaufentscheidung treffen.

Das Energielabelsystem hat sich in den mehr als 25 Jahren seit seiner Einführung stetig weiterentwickelt, um mit dem technologischen Fortschritt und den höheren Effizienzstandards Schritt zu halten. In einigen Produktkategorien, wie zum Beispiel bei Haushaltsgeräten, wurden die niedrigeren Effizienzklassen (z. B. C, D, E) abgeschafft, weil auf dem Markt eigentlich nur noch energieeffiziente Geräte in dieser Kategorie erhältlich sind. Daher hat sich dort aber die +++-Unterteilung bei der A-Klasse etabliert, wie man sie bislang bei Kühlschränken oder Waschmaschinen findet, um eine weitere Unterscheidung und Anerkennung für die energieeffizientesten Geräte zu schaffen.

Das Energielabelsystem wird sich auch in Zukunft weiterentwickeln, um den steigenden Effizienzanforderungen unserer Welt gerecht zu werden. Es ist wichtig zu beachten, dass Sie auf neue Labels stoßen werden, über die Sie sich dann informieren müssen, um ihre Bedeutung zu verstehen.

Wann lohnt eine Neuanschaffung?

Eine wichtige Frage lautet: Wann amortisiert sich die Neuanschaffung? Nehmen Sie sich Zeit, um die Einsparungen beim Energieverbrauch und den anderen laufenden Kosten des neuen Geräts zu berechnen. Bei einem Kühlschrank bestehen die laufenden Kosten nur aus dem verbrauchten Strom, bei einer Waschmaschine kommen noch Wasser und Waschmittel hinzu. Stellen Sie diese Einsparungen den Anschaffungskosten gegenüber, um zu schauen, wie lange es dauern würde, bis sich die Neuanschaffung rentiert hat. Gibt es weitere versteckte Kosten, die ebenfalls zu Buche schlagen? In einigen Fällen kann es sich lohnen, etwas mehr für ein energieeffizientes Gerät auszugeben, da es langfristig Kosten spart. In vielen Fällen ergibt es aber lediglich einen ökologischen Sinn. Gehen Sie zuerst die einfachen Fälle an und ersetzen Sie die Geräte, bei denen die Rechnung klar aufgeht.

Könnte ein gebrauchtes Gerät oder »B-Ware« eine gute Idee sein?

Wenn Sie Ihr Budget im Auge behalten möchten, können Sie auch überlegen, sich stattdessen bei den Gebrauchtgeräten umzuschauen. Auf dem Markt gibt es oft gut erhaltene, neuwertige Gebrauchtgeräte, die zu einem günstigeren Preis angeboten werden. Manchmal haben die Geräte durch den Transport kleine Schönheitsfehler, die dann als »B-Ware« bezeichnet werden. Solche Geräte sind oft noch originalverpackt und unbenutzt, aber durch einen kosmetischen Schaden günstiger zu bekommen. Achten Sie jedoch darauf, dass diese Geräte trotzdem energieeffizient genug sind, um langfristige Einsparungen zu erzielen.

Ein Beispiel: Vergleichsrechnung zweier Waschautomaten

Beide Waschmaschinen habe ich aus dem aktuellen Prospekt eines bekannten Elektronikmarkts. Diese Angaben reichen schon, um die Kosten der beiden Maschinen zu vergleichen.

- Waschmaschine M hat das Energielabel »B«, verbraucht 51 kWh bei 100 Wäschen und benötigt 45 Liter Wasser pro Wäsche.
- Waschmaschine S trägt das Label »A«, verbraucht 46 kWh bei 100 Wäschen und benötigt 48 Liter Wasser pro Wäsche.

- Eine Kilowattstunde Strom kostet 34 Cent.
- Ein Kubikmeter Wasser kostet etwa 2 €, umgerechnet 0,2 Cent pro Liter.
- Bei circa zwei Wäschen pro Woche kommt man im Jahr auf etwa 100 Waschgänge.
- Waschmaschine M kostet 839 €, und Waschmaschine S kostet 649 € in der Anschaffung.
- Gehen wir davon aus, dass die Waschmaschine sieben Jahre lang genutzt werden kann, weil im verflixten siebten Jahr meist die erste Reparatur oder Neuanschaffung ansteht. So hätten wir einen Zeitpunkt, bis zu dem man erst einmal rechnen kann.

Nun haben wir alles zusammen für eine Beispielrechnung, um herauszufinden, ob sich die Anschaffung der teureren Waschmaschine lohnt.

Schauen wir uns zunächst die günstigere und stromsparendere Maschine S an.

	Menge in sieben Jahren	Kosten in sieben Jahren	Kosten in einem Jahr	Kosten pro Monat
Anschaffung		649,00 €	92,71 €	7,73 €
Strom	322 kWh	109,48 €	15,64 €	1,30 €
Wasser	33.600 l	67,20 €	9,60 €	0,80 €
Gesamt		**825,68 €**	**117,95 €**	**9,83 €**

Tabelle 3.2 Waschautomat S mit Energielabel A

Diesen Waschautomaten vergleichen wir jetzt mit Modell M.

	Menge in sieben Jahren	Kosten in sieben Jahren	Kosten in einem Jahr	Kosten pro Monat
Anschaffung		839,00 €	119,86 €	9,99 €
Strom	357 kWh	121,38 €	17,34 €	1,45 €
Wasser	31.500 l	63,00 €	9,00 €	0,75 €
Gesamt		**1.023,38 €**	**146,20 €**	**12,18 €**

Tabelle 3.3 Waschautomat M mit Energielabel B

Es ergibt sich also durch den Anschaffungspreis und den Verbrauch von Strom und Wasser eine Differenz von etwa 28 € im Jahr zwischen den beiden Maschinen. Der

Stromverbrauch macht demnach nur einen minimalen Unterschied bei Ihrer Stromrechnung pro Monat aus, der Unterschied bei den laufenden Kosten pro Monat beträgt lediglich etwas über 2 €. Dies ist nicht viel, die bessere Einstufung durch das Energielabel »A« ist aber berechtigt. Mit dem Waschautomaten S sparen Sie sowohl bei der Anschaffung als auch beim Stromverbrauch.

Die beste Vorgehensweise: Kosten und Nutzen abwägen

Die Frage, ob Sie alles sofort neu anschaffen oder gestaffelt über ein paar Jahre kaufen sollten, hängt von Ihren individuellen Umständen und dem gewünschten Effekt bei Ihrer Stromrechnung ab. Wenn Ihr Budget es erlaubt, viele Geräte auf einmal zu ersetzen, können Sie von den langfristigen Einsparungen und den Vorteilen energieeffizienter Modelle sofort profitieren. Im Rahmen einer Küchenrenovierung kann man so nicht nur gleich einen ganzen Schwung an Geräten austauschen, sondern oft auch noch einen Rabatt aushandeln.

Wenn Ihr Budget jedoch begrenzt ist, werden Sie die Neuanschaffung sparsamerer Geräte auf einen Zeitraum von einigen Jahren verteilen. Priorisieren Sie dabei die Geräte, die den höchsten Energieverbrauch bzw. die höchsten laufenden Kosten haben oder am dringendsten ersetzt werden müssen.

Planen Sie genau, in wie vielen Jahren Sie die größten Stromfresser ausgetauscht haben möchten und wann die besten Zeitpunkte für eine Neuanschaffung sind; beispielsweise sollten Sie die Klimaanlage nicht während der Sommerhitzewelle neu anschaffen, die Preise dafür sind im Winter deutlich attraktiver.

Aber nicht immer geht die Rechnung zugunsten des Neugeräts aus:

Beispielrechnung zur Amortisierung einer Neuanschaffung

- Die alte Waschmaschine verbraucht 224 kWh bei 100 Wäschen und 83 Liter Wasser pro Wäsche.
- Eine Kilowattstunde Strom kostet 34 Cent.
- Ein Kubikmeter Wasser kostet etwa 2 €, umgerechnet 0,2 Cent pro Liter.
- Bei circa zwei Wäschen pro Woche kommt man im Jahr auf etwa 100 Waschgänge.

Wir haben alles beisammen, um beispielhaft auszurechnen, wie hoch die laufenden Kosten hinsichtlich Strom und Wasser sind.

	Menge in einem Jahr (100 Wäschen)	Menge in sieben Jahren	Kosten in sieben Jahren	Kosten in einem Jahr	Kosten pro Monat
Strom	224 kWh	1.568 kWh	533 €	76 €	6,35 €
Wasser	8.300 l	58.100 l	116 €	16,60 €	1,38 €
Gesamt			**649 €**	**92,60 €**	**7,70 €**

Diese Kosten können wir nun einer Neuanschaffung gegenüberstellen und schauen, wann sich der Kauf eines neuen Geräts amortisieren würde:

	Alte Waschmaschine	Neue Waschmaschine
Kosten in sieben Jahren (inklusive Anschaffung)	649 €	825 €
Kosten in sieben Jahren (ohne Anschaffung)	649 €	176 €
Verbrauchskosten Strom + Wasser im Monat	7,70 €	2,10 €

Eine neue Waschmaschine ist sparsamer. Die Verbrauchskosten für Strom und Wasser sind pro Monat mehr als ein Drittel niedriger gegenüber dem Altgerät. Allerdings sind die Anschaffungskosten so hoch, dass sich in sieben Jahren die Neuanschaffung nicht amortisiert. Dies ist erst nach etwa neun Jahren der Fall.

Letztendlich ist es wichtig, dass Sie die für Sie selbst richtige Entscheidung treffen. Welche Geräte verschönern Ihr Leben, obwohl die Stromkosten dafür nicht gering sind? Vielleicht ist es Ihnen das einfach wert? Vielleicht lässt sich bei der neuen Waschmaschine der Startzeitpunkt programmieren, und Sie können diese automatisch während der Mittagszeit laufen lassen, wenn Ihr Balkonkraftwerk den meisten Strom produziert? Und welche Geräte können Sie, ohne zweimal nachzudenken, gegen energieeffizientere Geräte ersetzen? Fangen Sie mit den einfachen Entscheidungen an, die am meisten bewirken. Berücksichtigen Sie die Anschaffungskosten, die versteckten Kosten, den Energieverbrauch, die Amortisierungsdauer und die Option von Gebrauchtgeräten. Mit etwas Recherche und Planung können Sie effiziente Elektrogeräte auswählen, die Ihren Geldbeutel schonen und gleichzeitig umweltfreundlich sind.

Nehmen wir einen Kühlschrank als Beispiel für eine solche Rechnung, besser gesagt eine Kühl-Gefrier-Kombination (siehe Tabelle 3.4).

Beispielrechnung zur Anschaffung einer Kühl-Gefrier-Kombination

- Kühlschrank L hat das Energielabel »A« und kostet 1.499 € bei einem Verbrauch von 110 kWh im Jahr.
- Kühlschrank S hat das Energielabel »C« und kostet 699 € bei einem Verbrauch von 172 kWh im Jahr.
- Kühlschrank B hat das Energielabel »D« und kostet 399 € bei einem Verbrauch von 168 kWh im Jahr.

	L	S	B
Anschaffung: Preis	1.499,00 €	699,00 €	369,00 €
Verbrauch kWh/Jahr	110	172	168
Stromkosten pro Jahr*	37,40 €	58,48 €	57,12 €
Stromkosten pro Monat*	3,12 €	4,87 €	4,76 €
Stromkosten in 7 Jahren*	261,80 €	409,36 €	399,84 €
Stromkosten in 15 Jahren*	561,00 €	877,20 €	856,80 €

*Die Stromkosten habe ich mit dem Durchschnittspreis von 34 Cent berechnet.

Tabelle 3.4 Kühl-Gefrier-Kombination, Beispielrechnung

Die Verbraucherzentralen rechnen bei »Weißer Ware« gerne mit einer Nutzungsdauer von 15 Jahren. Aus diesem Grund erweitern wir die Rechnung um diesen Zeitrahmen. Wenn Sie nun die Tabelle betrachten und den zu erwartenden Stromverbrauch anschauen, werden Sie den Sachverhalt möglicherweise als einfach empfinden: Kühlschrank »L« ist am sparsamsten und kostet am wenigsten im Verbrauch. Das ist richtig – solange Sie nur den Verbrauch betrachten.

Wenn Sie die Anschaffungskosten mit hineinrechnen, werden Sie mit dem günstigsten Gerät, obwohl es den größten Stromverbrauch hat, über 15 Jahre am wenigsten ausgeben. Der Punkt ist: Sie sparen mit dem sparsamsten Kühlschrank unterm Strich kein Geld.

Diese Rechnung war nicht konstruiert! Die Preise und Verbrauchswerte kommen von einem großen Elektromarkt, und die Haltedauer von 15 Jahren ist die Grundlage von Verbraucherzentralen.

Die Haltedauer von Geräten

Die Geräte, die bei uns allen im Haushalt stehen, können grob in drei Kategorien eingeteilt werden:

- *Weiße Ware und größere Küchen- und Haushaltsgeräte,* beispielsweise Kühlschränke, Waschmaschinen, Trockner, Gefriertruhen, Herd, Backofen, Mikrowelle und andere Einbaugeräte wie etwa die Abzugshaube. Geräte dieser Kategorie werden lange genutzt und in der Regel nur ausgetauscht, wenn sie kaputtgehen. Eine Haltedauer von 10 bis 15 Jahren ist üblich.
- *Geräte und Unterhaltungselektronik,* die länger genutzt werden könnten, aber in der Regel nach fünf oder zehn Jahren ausgetauscht werden, zum Beispiel Kaffeemaschine, Küchengeräte, Staubsauger, Stereoanlage, Drucker, Föhn, Ventilatoren und Dinge wie ein Waffeleisen, ein Reiskocher oder ein Aquarium.
- *Unterhaltungselektronik und Geräte,* die zwischen zwei und vier Jahren genutzt werden. Dazu gehören der Fernseher, die Spielekonsole, der Computer, das Tablet und das Smartphone, die Stereoanlage sowie andere kurzlebige Technik.

Diese drei Kategorien spielen eine Rolle, wenn es um die Anschaffung und den Kaufimpuls beim Konsumenten geht. Während die Geräte der ersten Kategorie meist mit einem kühlen Kopf und genauer Betrachtung gekauft werden, spielt bei den beiden anderen Kategorien das Emotionale eine größere Rolle. Während sich der Käufer bei einem Kühlschrank Gedanken über den Stromverbrauch macht, denkt er beim Kauf eines Computers über diesen Aspekt nicht nach. Denn selbst wenn Sie den Computer nur ein paar Stunden am Tag nutzen, wird er im Durchschnitt etwa zwei- bis viermal so viel Strom verbrauchen wie Ihr Kühlschrank.

Dementsprechend sind die Verbraucherinformation gestaltet und auch die Anschaffungspreise angesetzt. Haben Sie schon einmal ein Energielabel auf einem Computer oder einer Spielekonsole gesehen?

3.5 Stromspartipps für den Alltag

In unserer heutigen Zeit ist es wichtiger geworden, unseren Energieverbrauch zu optimieren und umweltfreundliche Gewohnheiten zu entwickeln. Das wirkt sich nicht nur auf den eigenen Geldbeutel aus, sondern schont auch die Umwelt. Aber wie kann man Energie sparen, ohne dabei auf Komfort zu verzichten? Es gibt kleine Tipps für den Alltag, mit denen Sie dies bewerkstelligen können:

- **Ladegeräte nicht ungenutzt in der Steckdose lassen.**
  Ladegeräte für das Smartphone oder Tablet verbrauchen auch Strom, wenn sie ungenutzt in der Steckdose stecken. Selbst wenn also kein Smartphone oder Tablet geladen wird, verbraucht ein Ladegerät Strom, und dafür werden Ihnen im Jahr bis zu drei Kilowattstunden in Rechnung gestellt.

- **Wasser richtig erhitzen.**
  Beginnen wir mit dem Wasserkocher – eine einfache, aber oft übersehene Möglichkeit, Energie zu sparen, ist, nur so viel Wasser zu erhitzen, wie wirklich benötigt wird. Auf diese Weise vermeiden Sie unnötigen Energieverbrauch und sparen auch Zeit. Entkalken Sie Ihren Wasserkocher regelmäßig, ohne den dicken Kalkbelag auf der Heizspirale (oder Heizplatte im Boden) kann das Wasser schneller erhitzt werden. Ein Wasserkessel auf dem Induktionsherd funktioniert zwar genauso effizient wie der Wasserkocher, allerdings füllt man in den Wasserkessel notorisch zu viel ein, wenn die eingefüllte Menge Wasser nicht durch ein Sichtfenster erkennbar ist.
- **LED-Lampen nutzen.**
  Ein weiterer einfacher Schritt ist der Wechsel zu LED-Lampen. Im Vergleich zu herkömmlichen Glühbirnen oder Halogenlampen sind LED-Lampen energieeffizienter und haben eine längere Lebensdauer. Glühbirnen sind schon seit einigen Jahren nicht mehr im Handel, aber auch andere Leuchtmittel können gegen sparsamere LED-Technik ausgetauscht werden, beispielsweise Halogenlampen und Leuchtstoffröhren. Durch diesen einfachen Austausch können Sie Ihre Stromrechnung senken und gleichzeitig die Umwelt schonen. Allerdings sollte Sie hier darauf achten, nur qualitativ hochwertige LED-Leuchtmittel zu kaufen.
- **Steckdosen ausschalten und Stand-by nur nutzen, wenn es wirklich nötig ist.**
  Ein bewusster Umgang mit Elektrogeräten kann ebenfalls viel bewirken. Schalten Sie Ihre Geräte vollständig aus, wenn Sie sie nicht benutzen. Hier können Steckdosenleisten mit Schalter oder sogar Master/Slave-Schalter helfen, den Stand-by-Modus zu vermeiden. Gerade die Master/Slave-Steckdosenleisten sind praktisch am PC oder Fernseher. Ist das Hauptgerät ausgeschaltet, werden automatisch alle weiteren angeschlossenen Geräte auch stromlos geschaltet. So braucht man nicht extra an den Drucker oder die Soundbar unter dem Fernseher zu denken.

  Laut EU-Richtlinie dürfen Geräte im Stand-by-Modus nur ein Watt Energie benötigen, aber viele Geräte verbrauchen tatsächlich mehr. Überprüfen Sie daher den tatsächlichen Stand-by-Verbrauch Ihrer häufig genutzten Geräte wie Fernseher, Spielekonsole oder PC und die dazugehörige Peripherie.
- **Niedrigere Temperatur für Wasch- und Spülmaschine.**
  Auch bei Waschmaschinen und Geschirrspülern können Sie Energie sparen, indem Sie energieeffiziente Programme verwenden. Mit dem richtigen Waschmittel ist der 90 °C-Waschgang kaum noch notwendig – mit entsprechendem Waschmittel und einem Hygienespüler kann auch stark beanspruchte Wäsche bei 40 °C oder 60 °C sauber werden. Das Gleiche gilt für die Spülmaschine, wählen Sie eine niedrigere Temperatur und verwenden Sie das richtige Spülmittel.

Wenn Sie bei Ihrem Energieanbieter einen Nachttarif haben, nutzen Sie das günstige Zeitfenster, um Geräte wie die Wasch- und die Spülmaschine zu dieser Zeit laufen zu lassen. Alle moderneren Geräte besitzen aus diesem Grund einen Zeitschaltuhr, mit der Sie den Startzeitpunkt vorprogrammieren können. Wenn Sie dann ein Balkonkraftwerk installiert haben und Ihren eigenen Strom erzeugen, können Sie tagsüber bei Sonnenschein den von Ihren Solarmodulen erzeugten Strom dafür nutzen.

- **Deckel drauf!**
  In der Küche können Sie ebenfalls Energie sparen. Verwenden Sie Kochtöpfe mit passendem Durchmesser und Deckel, um die Wärme effizienter zu verteilen. Das Kochen mit Deckel benötigt oft ein bis zwei Stufen weniger Hitze. Wenn Sie die Möglichkeit haben, nutzen Sie einen Induktionsherd anstelle herkömmlicher Heizplatten, da dieser rund 15 bis 20 % energieeffizienter ist. Bei den Mengen an Strom, die zum Kochen benötigt werden, macht das einiges aus.
- **Kühlschrank und Gefriertruhe enteisen.**
  Denken Sie auch daran, regelmäßig Ihren Kühlschrank und Ihre Gefriertruhe zu enteisen. Durch das Entfernen von Eisablagerungen kühlen die Geräte effizienter, und Sie sparen Energie. Schauen Sie auch einmal den Aufstellungsort Ihres Kühlschranks genauer an: Steht das Gerät frei, oder ist es ein Einbaugerät? Kann die Luft an der Rückseite gut zirkulieren? Ein Kühlschrank muss seine Wärme gut loswerden können, um im Inneren effektiv kühlen zu können. Achten Sie auf die nötigen Lüftungsgitter und Luftspalten, die das ermöglichen. Ein weiterer Punkt ist der Abstand zwischen Backofen und Kühlschrank bzw. Gefriertruhe. Backen Sie gerne? Oder wird der Backofen beim Kochen oft verwendet? Ein Backofen strahlt in alle Richtungen sehr viel Hitze ab. Wenn der Kühlschrank direkt danebensteht, beeinträchtigt dies deutlich dessen Kühlleistung und Effizienz. Versuchen Sie nach Möglichkeit, Abstand und viel Luftzirkulation zwischen beide Geräte zu bringen.
- **Kein warmes Essen in den Kühlschrank.**
  Beim Einfrieren von Speisen oder um sie im Kühlschrank zu lagern, ist es ratsam, sie vorher abkühlen zu lassen. Durch das Abkühlen außerhalb des Gefrierschranks reduzieren Sie die Energiemenge, die benötigt wird, um die Speisen weiter herunterzukühlen.
- **Muss der Backofen wirklich vorgeheizt werden?**
  Ein weiterer häufiger Fehler ist das unnötige Aufheizen des Backofens. Anstatt den Ofen lange vorzuheizen, können Sie Ihre Speisen gleich hineingeben und die Kochzeit um ein paar Minuten verlängern. Die Pommes vier Minuten länger zu backen, ist sparsamer, als den Backofen zehn Minuten vorzuheizen, bevor Sie das Backblech hineinschieben. Dadurch sparen Sie Zeit und Energie. Nach ein oder zwei Probeläufen können Sie gut einschätzen, wie viele Minuten der nominalen Backzeit Ihres Lieblingsgerichts hinzuzuschlagen sind.

- **Die Sonne ist der beste Trockner.**
  Schließlich sollten Sie die Kraft der Sonnenenergie auch jenseits Ihres Balkonkraftwerks nutzen, beispielsweise um Ihre Wäsche zu trocknen. Anstelle eines Wäschetrockners können Sie einen Wäscheständer im Freien verwenden. So sparen Sie nicht nur Energie, sondern Ihre Kleidung behält auch länger ihre Qualität und Form. Tatsächlich hat der UV-Anteil des Sonnenlichts auch eine Reinigungswirkung für Ihre Wäsche.

Diese einfachen Tipps ermöglichen Ihnen, Energie zu sparen und einen positiven Beitrag zur Umwelt zu leisten, ohne auf Ihren Komfort verzichten zu müssen. Sicher, die eine oder andere Gewohnheit müssten Sie aufgeben – aber gehen Sie es einfach langsam an, Sie brauchen nicht gleich Ihr komplettes Leben umzustellen. Integrieren Sie nach und nach den einen oder anderen Tipp in Ihren Alltag und tauschen Sie sich auch mit anderen Menschen darüber aus. Es gibt noch viele Tipps, über die Sie fachsimpeln können, und vielleicht entdecken Sie ja weitere praktische Tricks.

Es ist wie mit den Balkonkraftwerken: Zusammengenommen, bewirken diese kleinen Tricks einen wahrnehmbaren Unterschied und schaffen eine nachhaltigere Zukunft.

Kapitel 4

Den Verbrauch im Blick behalten

Nachdem Sie nun wissen, wie viel Strom Sie ungefähr verbrauchen, ist es natürlich eine spannende Frage, wie sich dieser Verbrauch entwickelt.

Ein Balkonkraftwerk kann Ihnen helfen, Ihre Energiekosten zu senken, indem Sie während der Sonnenstunden weniger Strom von Ihrem Anbieter aus dem Netz beziehen. Sie können entweder detailliert jeden Wattverbrauch analysieren oder auch nur eine grobe Abschätzung vornehmen. Es ist wichtig, auch andere Faktoren wie Kosten, Förderungen und rechtliche Bedingungen zu berücksichtigen. Verschiedene Methoden, um den Stromverbrauch zu dokumentieren, wie Apps, smarte Strommesser oder Datenlogger, können Ihnen diese Aufgabe erleichtern. Eine Smart-Home-Lösung kann Ihnen helfen, den Verbrauch dauerhaft zu optimieren, aber es ist wichtig, die Abhängigkeit von Herstellern und den zusätzlichen Energieverbrauch solcher Geräte zu berücksichtigen.

Nachdem Sie nun einen genauen Überblick über Ihren Stromverbrauch in Ihrem Haushalt haben, stellt sich die Frage, wie ein Balkonkraftwerk Ihnen dabei helfen kann, Ihre Energiekosten weiter zu senken.

Eine Möglichkeit besteht darin, den während der Sonnenstunden benötigten Strom zu berücksichtigen. Durch eine einfache Kalkulation können Sie abschätzen, ob sich ein Balkonkraftwerk hier für Sie lohnt. Dabei können Sie entweder Ihren Strombedarf während dieser Stunden im Einzelnen ermitteln und berechnen, oder Sie geben sich mit einer groben Übersicht zufrieden.

Der eine Ansatz besteht darin, jedes einzelne Watt im Haushalt zu identifizieren, zu messen und aufzulisten. Auf diese Weise können Sie genau feststellen, wie viel Strom Ihre Geräte verbrauchen und wie viel Einsparungspotenzial besteht. Das kann Ihnen langfristig helfen, wenn Geräte einmal ersetzt werden müssen oder Sie den Wunsch haben, nach und nach die großen Verbraucher in Ihrem Haushalt durch energiesparendere Modelle zu ersetzen.

Jedes einzelne Watt?

Klappt das wirklich? Jedes einzelne Watt im Haushalt, das verbraucht wird, zu messen und zu erfassen?

Nein, das funktioniert nicht. Das ist auch übertrieben. Das schaffen Sie auch mit der besten Technik und dem systematischsten Vorgehen nicht. Außerdem gehen Sie Ihren Mitmenschen damit auf die Nerven. Ich wollte nur mal schauen, ob Sie aufschrecken. Gehen Sie das alles etwas entspannter an!

Der andere Ansatz bietet eine einfachere Herangehensweise. Hier lesen Sie von Ihrem Stromzähler ab, wie viel Strom Sie während der Sonnenstunden verbrauchen und wie viel davon Ihnen ein Balkonkraftwerk in diesem Zeitraum bereitstellen kann. Es handelt sich um eine grobe Betrachtung, die Ihnen jedoch eine schnelle Einschätzung ermöglicht.

Letztendlich läuft es jedoch darauf hinaus, individuell zu entscheiden, ob sich ein Balkonkraftwerk für Sie lohnt. Eine genaue Messung und Berechnung kann Ihnen eine präzise Grundlage bieten, während eine pragmatischere Herangehensweise Ihnen eine schnellere Entscheidung ermöglicht.

Es sollten jedoch auch andere Faktoren berücksichtigt werden. Dazu gehören beispielsweise die Kosten für den Kauf und für die Installation des Balkonkraftwerks, die Lebensdauer der Anlage, mögliche Förderungen sowie mögliche rechtliche und versicherungstechnische Bedingungen. In Kapitel 9 sprechen wir den Papierkram noch einmal an.

4.1 Den Verbrauch dokumentieren und visualisieren

Wenn Sie Ihren Stromverbrauch im Haushalt über längere Zeit im Auge behalten möchten, bieten sich verschiedene Methoden an, die zum Teil sogar vollautomatisch sein können.

Apps und smarte Strommesser

Es gibt zahlreiche Apps, die dabei helfen, den Stromverbrauch zu tracken. Einige dieser Apps unterstützen sogar die Verbindung mit smarten Strommessern über Bluetooth oder WLAN, oft wird beim Kauf strommessender Steckdosen in diesem Zusammenhang die App *Smart Live* genannt. Damit können die Verbrauchsdaten direkt auf das Smartphone übertragen werden. Die App zeigt dann in anschaulichen Diagrammen Ihren Stromverbrauch an. So können Sie unkompliziert den Überblick behalten und mögliche Energiefresser leichter identifizieren.

Die Welt der Excel-Tabelle

Wenn Sie ein Zahlenfan sind und Excel Ihr bester Freund ist, dann ist diese Methode perfekt. Erstellen Sie sich eine einfache Excel-Tabelle, in der Sie Ihren Stromverbrauch notieren. Tragen Sie zum Monatswechsel regelmäßig die Zählerstände ein und berechnen Sie den Verbrauch. Mit einem Diagramm können Sie den Stromverbrauch sogar visuell darstellen. Mit dieser Methode lassen sich verschiedene Quellen zusammenführen, beispielsweise die Werte aus einer App und die abgelesenen Werte des Stromzählers im Keller.

Datenlogger und Shelly-Strommesser

Jetzt wird es etwas technischer – bis hin zur vollständigen Automatisierung der Verbrauchserfassung. Datenlogger sind kleine Geräte, die Ihren Stromverbrauch aufzeichnen, speichern und übertragen können. Sie schließen sie an Ihren Stromzähler an, an den Einspeisepunkt Ihres Wechselrichters und zwischen Steckdose und Verbraucher. Anzahl und Varianten der Geräte, die Sie dafür kaufen können, sind endlos. Als Einstiegspunkt helfen Ihnen die Stichwörter »Shelly Strommesser« oder »AVM Stromzähler« in einer Suchmaschine Ihrer Wahl.

Sie erhalten dann eine Oberfläche, die Sie mit Ihrem Smartphone oder Ihrem PC nutzen können. Im Beispiel aus Abbildung 4.1 sehen Sie die Verbrauchsstatistik meiner Musikanlage. So habe ich im Blick, was gerade verbraucht wird und wie viel im Monat zusammenkommt.

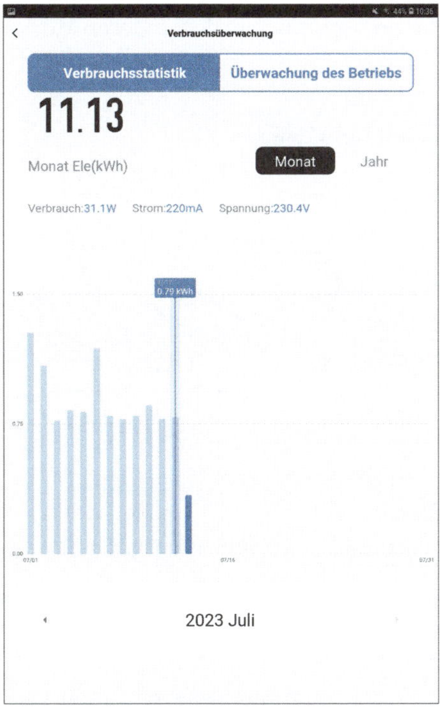

Abbildung 4.1 Statistik einer App mit dem Tages- und Monatsverbrauch eines Medienservers

Es gibt also verschiedene Wege, Ihren Stromverbrauch über einen längeren Zeitraum im Auge zu behalten. Wählen Sie einfach die Methode, die am besten zu Ihnen passt. Mit einem bewussten Blick auf den Stromverbrauch können Sie Energie sparen und besser schlechte Gewohnheiten ablegen.

Wer sammelt die Daten?

Viele smarte Geräte, insbesondere wenn Apps verwendet werden, sind mit der Cloud des Herstellers verbunden. So können Ihre Verbrauchsdaten immer in fremde Hände gelangen. Ob das gut oder schlecht ist und ob dies ein Risiko darstellt, müssen Sie entscheiden!

4.2 Ausreißer finden

Ausreißer sind unerklärliche Spitzen in Ihrem Stromverbrauch. Wenn Sie Ihren Stromverbrauch grafisch darstellen, fallen sie am schnellsten auf. Noch einfacher ist es, wenn Sie mehrere Jahre miteinander vergleichen können. In Abbildung 4.2 können Sie sehen, wie es in einem Jahr einen erhöhten Stromverbrauch im August und September gegeben hat. Der Rest des Jahres lag im Durchschnitt; die Linien liegen alle im selben Bereich, was bedeutet, dass sich der Stromverbrauch in den anderen Monaten nicht signifikant unterschieden hat.

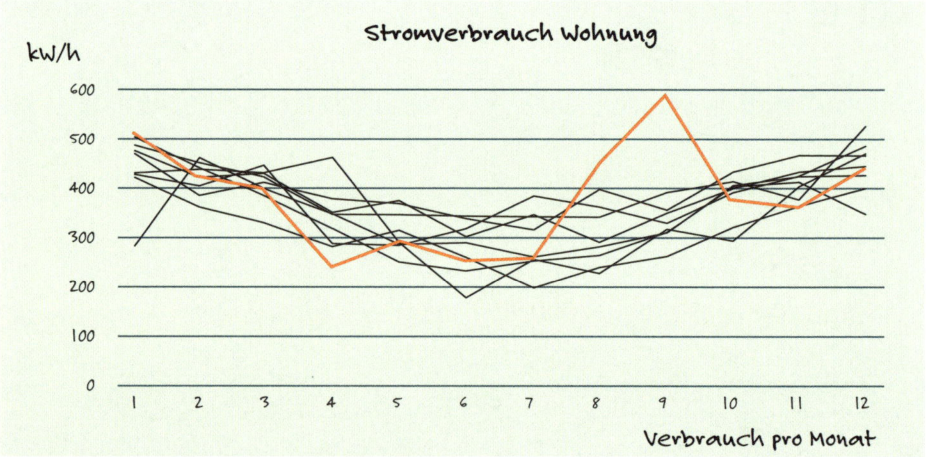

Abbildung 4.2 Ausreißer beim Stromverbrauch eines Haushalts. Hier wurde im September deutlich mehr Strom verbraucht.

In so einem Beispiel wäre es nun interessant, herauszufinden, was den Mehrverbrauch verursacht hat. Es war nur temporär, schließlich ist der Verbrauch im Monat darauf wieder auf das normale Maß zurückgegangen und auch in keinem der anderen Jahre aufgetreten.

Hier können Sie sich dann mal die Detektivmütze aufsetzen, um den Grund herauszufinden.

Wie gehen Sie am besten vor, wenn Sie solch einen Ausreißer finden?

Schauen Sie sich die Spitze genau an. Wann ist sie aufgetreten? Wie lang dauerte sie? Um wie viel Energie handelt es sich?

Hier geht es um die Sommermonate. Es zeigte sich ein Mehrverbrauch von etwa 200 kWh im September und 100 kWh im August. Ein Durchlauferhitzer kann bei extremer Nutzung solch einen Verbrauch im Monat erzeugen, aber so viel Warmwasser im Sommer? Möglicherweise ein Whirlpool, der aufgestellt wurde? Der benötigt zwar initial zum Aufwärmen des Wassers viel Energie, aber über zwei Monat hinweg sollte der Verbrauch niedriger sein ...

Sie sehen, man muss einiges an Detektivarbeit leisten, um solch einem Ausreißer auf die Spur zu kommen.

Möglicherweise haben Sie aber Ihren Verbrauch tagesweise erfasst und können mit einer viel genaueren Auflösung, vielleicht sogar stundenweise, den Energieverbrauch visualisieren. Dann wird es einfacher, solch eine merkwürdige Verbrauchsspitze zu finden.

Folgende Punkte können Sie gedanklich durchgehen, um Geräte zu finden, die einen ungewöhnlichen Stromverbrauch verursachen:

- **Außergewöhnliche Ereignisse**
  Welche Geräte waren zu diesem Zeitpunkt eingeschaltet, oder welche Tätigkeiten fanden statt? Haben Sie möglicherweise vergessen, etwas auszuschalten? Haben Sie eine Party gefeiert und einen weiteren Kühlschrank eingeschaltet? Oder haben Sie ein Teil des Wassers vom Aquarium ausgetauscht, das dann aufgeheizt werden musste? Hatten Sie Gäste? Haben Sie ein neues Gerät angeschafft oder ausgeliehen? Ein neues Hobby begonnen?
- **Vergleich mit früheren Daten**
  Hatten Sie im letzten Monat zum gleichen Zeitpunkt auch schon so eine Verbrauchsspitze? Oder zu einem anderen wiederkehrenden Zeitpunkt?
- **Falsche Daten**
  Manchmal werden Daten falsch übertragen, oder man hat eine Anzeige falsch abgelesen und in die Tabelle eingetragen. Oder Sie haben an Ihrem automatischen System zur Datenerfassung eine Änderung vorgenommen, und es hat sich ein Fehler eingeschlichen. Versuchen Sie, die Datenquelle zu finden, und überprüfen Sie noch einmal genau die Werte.

- **Defekte Geräte**
  Nicht nur ein Kühlschrank oder ein anderes Gerät in Ihrem Haushalt kann defekt sein und nun einen unverhältnismäßigen hohen Verbrauch haben, es kann auch ganz einfach der Strommesser sein, der plötzlich anfängt, falsch zu zählen. Im Zweifelsfall ersetzen Sie einmal das Messgerät und warten ab, was passiert.
- **Jahreszeitliche Einflüsse**
  In manchen Jahreszeiten kann der Stromverbrauch natürlicherweise schwanken, im Winter wird vielleicht ein Heizlüfter eingeschaltet, und im Sommer springt ein Klimagerät an. Oder im Winter wird die Außenbeleuchtung früher eingeschaltet. Es hat sich also möglicherweise einfach etwas an Ihrem Verbrauchsprofil geändert.

4.3 Ausblick: Systeme für das Smart Home

Für die meisten Menschen dürfte es nur in den ersten Wochen reizvoll sein, den eigenen Stromverbrauch und die Stromerzeugung des Balkonkraftwerks ständig im Blick zu behalten. Wenn Sie dazugehören und die Werte also nur bei Bedarf ablesen möchten, aber sonst nichts weiter damit vorhaben, können Sie diesen Abschnitt ruhig überspringen. Nutzen Sie einfach die App, die Ihrem Balkonkraftwerk-Wechselrichter beiliegt, und überprüfen Sie nur ab und an den Ertrag Ihres Balkonkraftwerks. Mehr ist nicht zu tun.

Aber natürlich geht mehr. In Abschnitt 8.4, »Alles im Blick behalten: das Balkonkraftwerk im Netzwerk«, spreche ich die Möglichkeit an, die Daten mit *123Solar* zu erfassen. Manchen Menschen macht es ja Spaß, jeden Tag Balkendiagramme beim Morgenkaffee zu studieren.

Was bringt Ihnen also die Sammlung der Werte zum Verbrauch Ihres Haushalts und der Energieerzeugung Ihres Balkonkraftwerks mithilfe von Smart-Home-Lösungen?

Eigentlich erst einmal nur eine sehr kleinteilige Möglichkeit, um alle möglichen Zu- und Abflüsse Ihres Stroms nachvollziehen zu können und abhängig davon Verbraucher in Ihrem Haushalt automatisch zu steuern.

Je nach Granularität, also je feiner die Auflösung dieser gesammelten Daten ist, können Sie schneller Unregelmäßigkeiten bemerken und korrigieren oder aber auch besondere Vorkommnisse nutzen, indem Sie die Waschmaschine automatisch starten, sobald die Stromerzeugung Ihres Balkonkraftwerks eine bestimmte Marke überschreitet. Wie Sie im vorherigen Abschnitt gesehen haben, ist es schwierig, Ausreißer zu finden, wenn die Auflösung der Datenerfassung so grob ist, dass Sie nur den gesamten Monat sehen können. Wird der Verbrauch mindestens stundenweise erfasst, ist es einfacher, ein Muster zu erkennen und so den Verbraucher zu finden.

Es gibt viele fertige Lösungen, mit denen Sie solch ein System zur Erfassung und Visualisierung umsetzen, und auch mindestens noch mal so viele Möglichkeiten, um sich so etwas selbst zu basteln. Die Vernetzung der elektronischen Geräte im eigenen Haushalt hat in den letzten Jahren mit den Geräten von Google und Amazon, die auf Sprachbefehle reagieren, deutlich zugenommen, denn dies verspricht den darin wohnenden Menschen mehr Komfort, wenn sie etwa mittels Sprachbefehl die Kaffeemaschine oder die Waschmaschine starten können, egal wo sie sich gerade befinden.

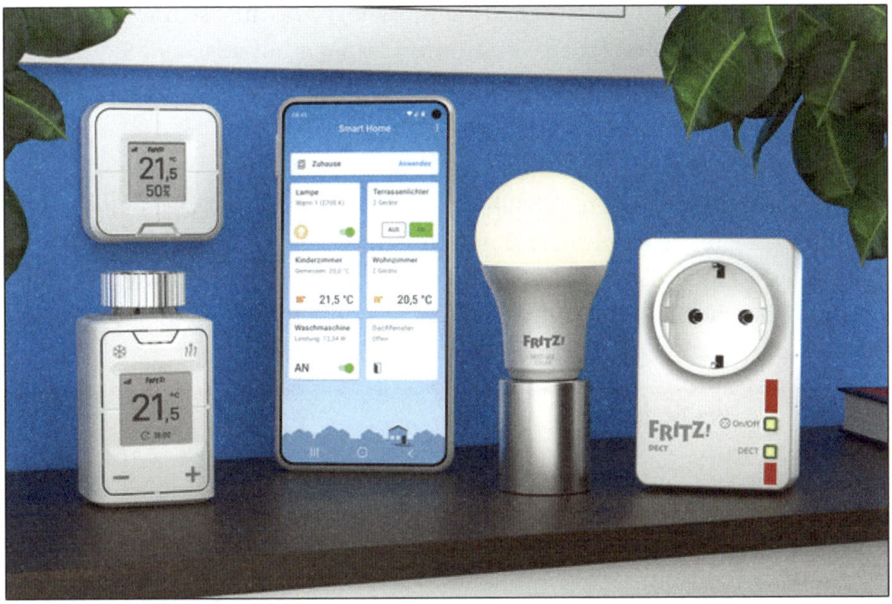

Abbildung 4.3 Die FRITZ!Box als Smart-Home-Zentrale. Weitere Informationen finden Sie unter https://avm.de/ratgeber/so-wird-ihre-fritzbox-zur-smart-home-zentrale/.

Wenn man bei einer Renovierung oder einem Neubau auch die Haustechnik integriert, kann man sogar via Sprachbefehl die Rollläden steuern oder die Fenster öffnen und schließen. Die Beleuchtung im Flur kann automatisch angehen, wenn jemand hindurchläuft, und auch die Belüftung von Räumen kann abhängig von den Daten erfolgen, die ein Sensor live misst. Sie können also Regeln und Logiken erstellen, mit denen Sie Vorgänge automatisieren: »Wenn die Temperatur höher als 25 °C ist, fahre den Sonnenschutz hoch. Und wenn niemand mehr zu Hause ist, schalte alle Lichter aus.« Den Möglichkeiten sind dabei nur finanzielle Grenzen gesetzt.

Das ist eins der Probleme bei einem Smart Home: Eine Automatisierung des Haushalts ist teuer. Selbst wenn bei der Planung einer Wohnung oder eines Hauses alles von Anfang an mitgedacht wurde, sind die Kosten nicht gering. Macht man seinen Haushalt nachträglich »smart«, schlagen die vielen hilfreichen Geräte ebenfalls zu Buche. Die Geräte von AVM zur Heizung- und Rollladensteuerung gehören schon zu den günstigeren Produkten auf dem Markt, aber in Summe – für all die Heizungsthermostate und Fenster, die man hat – ist der Preis für die meisten Menschen dann doch deutlich in der Haushaltskasse zu merken. Auch wenn Sie mit smarten Automationen ein bisschen Energie sparen können, indem Sie beispielsweise verhindern, dass eine vergessene Lampe den ganzen Tag über leuchtet, werden Sie die knackigen Kosten für neue Thermostate, Schalter, Lampen usw. kaum wieder reinholen.

Das nächste Problem ist, dass diese unterschiedlichen Geräten zusammenarbeiten und Daten austauschen müssen. Irgendwie muss Ihre Waschmaschine ja mit dem neuen Balkonkraftwerk »sprechen« und Informationen austauschen. Sie müssen also noch ein zusätzliches System pflegen, das diese ganzen Geräte integriert und verwaltet.

Die gute Nachricht ist, dass es inzwischen einige sehr komfortable und reife Angebote gibt, die genau dies leisten. Tabelle 4.1 ist bei Weitem nicht vollständig, es gibt noch weitere Anbieter im Bereich der Hausautomation, die jedoch für eine Wohnung oder ein kleines Einfamilienhaus überdimensioniert wären. So erhalten Sie aber einen ersten Überblick, jedoch werden Sie nicht umhinkommen, die vielen verschiedenen Angebote zu vergleichen und Ihre Favoriten zu testen.

System	Webseite	Kosten
Home Assistant	*http://www.home-assistant.io*	kostenlos und Open Source
openHAB	*https://www.openhab.org*	kostenlos und Open Source
FHEM	*https://fhem.de*	kostenlos und Open Source
ioBroker	*https://www.iobroker.net*	kostenlos und Open Source
HomeKit	*https://www.apple.com/shop/accessories/all-accessories/homekit*	kostenlos, Apple
Google Nest	*https://store.google.com/de/category/connected_home?hl=de*	kostenlos, Google
IP Symcon	*https://www.symcon.de/de/*	149,99 € pro Jahr

Tabelle 4.1 Einige Smart-Home-Systeme in der Übersicht

Bedenken Sie bei der Planung zudem folgende Punkte:

- **Wird Ihr Balkonkraftwerk unterstützt? Und werden auch die anderen Geräte, die Sie nutzen möchten, erkannt und integriert?**
  Auch wenn es in der Vergangenheit viele Versuche gegeben hat, im Wust der Angebote einheitliche Standards zu etablieren, kann nicht garantiert werden, dass

unterschiedliche Geräte reibungslos miteinander sprechen. Vor einem Kauf sollten Sie also prüfen, ob möglichst offene Standards genutzt werden und ein langfristiger Support gewährleistet ist.

- **Wie kommunizieren Smart-Home-Geräte überhaupt?**
  Zur Steuerung und Erfassung der Daten müssen die Smart-Home-Geräte miteinander sprechen können. Die Kommunikation der Geräte von AVM nutzen dafür beispielsweise eine spezielle Variante des DECT-Standards, das sogenannte *DECT-ULE*. ULE bedeutet *Ultra Low Energie* und hat eine Reichweite von bis zu 50 Metern in Innenräumen.

  Andere Hersteller verwenden andere Protokolle und Verbindungen. Neben Ethernet und WLAN kommen noch Bluetooth, ZigBee, Z-Wave und weitere Protokolle zum Einsatz. Achten Sie auch hier auf die Kompatibilität. Meistens hilft es schon, den entsprechenden Modellnamen zusammen mit dem Smart-Home-System zu googeln.

- **Wer sind die Hersteller solcher Smart-Home-Geräte?**
  Smart-Home-Geräte gibt es von vielen Herstellern. Neben Tech-Firmen wie Amazon, Google, Apple, Samsung und AVM gibt es noch die alten bekannten Hersteller wie Bosch und Philips. Daneben gibt es eine Flut von zumeist chinesischen Herstellern, die in Deutschland oftmals unter den Markennamen Tuya oder Sonoff vertrieben werden.

  Manchmal können die Geräte verschiedener Hersteller kombiniert werden, weil sie die gleichen Protokolle nutzen. In anderen Fällen können Hub- und Gateway-Geräte vermitteln und die Kommunikation zwischen den Systemen verschiedener Hersteller ermöglichen. Auch der Weg über die Cloud zur Kopplung solcher Systeme ist teilweise möglich, aber dann ist man von einem Dienst im Internet und einer ständig funktionierenden Internetverbindung abhängig.

- **Wie sieht es mit der Datensicherheit aus?**
  Viele Geräte benötigen ein Konto bei einem *Internetdienst* bzw. in einer *Cloud*. Und selbst wenn die Daten selbst nicht auswärtig gespeichert werden, sondern lokal bleiben, brauchen die Geräte doch einen ständigen Zugang zum Internet und sind davon abhängig, dass der Anbieter seine Dienste pflegt und langfristig bereitstellt. In der Vergangenheit ist es schon oft vorgekommen, dass Anbieter nach einigen Jahren ihre Dienste eingestellt haben, wie es beispielsweise bei D-Link und bei Angeboten von Amazon und Google schon der Fall war. Merken Sie sich: Nur in Ausnahmefällen kaufen Sie lediglich ein Smart-Home-Gerät. Fast immer gehört auch die fortlaufende Nutzung der Dienste des Anbieters dazu. Ohne diesen Service funktioniert Ihr »smartes« Gerät nicht oder nur eingeschränkt.

  Es geht hier also nicht nur um abstrakte Dinge wie Privatsphäre und Datenhoheit, sondern auch ganz banal darum, ob ein Gerät langfristig genutzt werden kann.

Was ist die Cloud?

Heutzutage werden so viele Daten ausgetauscht und verarbeitet, dass ein einziger Rechner damit schnell überfordert wäre. Daher ist es gang und gäbe, diese Verarbeitung in einen dezentralen Verbund riesiger Rechenzentren auszulagern: in die *Cloud*, also schlicht eine große Datenwolke.

Das bietet viele Vorteile: Die Daten werden ortsunabhängig gespeichert, und als Kundin oder Kunde können Sie von jedem Computer aus oder per Smartphone darauf zugreifen – eine gute Internetverbindung vorausgesetzt.

Die meisten dieser Rechenzentren werden von großen Technologieunternehmen wie Google, Amazon, Microsoft oder chinesischen Anbietern betrieben. Ihre Daten liegen also wortwörtlich *irgendwo in der Welt*.

Grundsätzlich ist das erst mal kein Problem: Sehr wahrscheinlich werden auch Ihre E-Mails auf diese Weise gespeichert, und wenn Sie Dienste wie WhatsApp oder Telegram nutzen, werden diese Nachrichten ebenfalls so verarbeitet. Die Anbieter garantieren zwar (meistens), dass dabei alles verschlüsselt und sicher abläuft, aber am Grundprinzip ändert das nichts.

Entscheiden Sie selbst, was für Sie akzeptabel ist. Merken Sie sich nur: Wenn von der Cloud gesprochen wird, bedeutet das nichts anderes als die Nutzung eines fremden Computers. Eine Überwachungskamera im eigenen Schlafzimmer mit Cloud-Anbindung wäre mir beispielsweise nicht geheuer ...

- **Ist das Smart Home etwas für Bastler?**

  Im kleinen Umfang ist es mit einer einmaligen Einrichtung der smarten Geräte getan. Dann muss man nur ein Auge darauf haben und gegebenenfalls mal die Batterie wechseln. Bei einem vernetzten Haushalt, bei dem beispielsweise die Thermostate abhängig von geöffneten oder geschlossenen Fenstern sind, die Rollläden vom Sonnenstand abhängen und alle möglichen Haushaltsgeräte smart gesteuert werden, haben Sie ein neues Hobby, um das Sie sich kümmern müssen. Alles ohne Probleme reibungslos am Laufen zu halten, erfordert fortlaufend Aufmerksamkeit und Zeit.

- **Kann man ein Smart-Home-System selbst bauen?**

  Sie können mit genügend Programmierkenntnissen, einem grundlegenden Verständnis von Verdrahtung und einer Menge Gehirnschmalz ein Smart-Home-System komplett selbst bauen. Sie müssen sich dann genau überlegen, wie Sie die verschiedenen Komponenten zur Automatisierung miteinander vernetzen. Außerdem werden Sie einen zentralen Server benötigen, der die verschiedenen Komponenten verwaltet. Dieser muss in der Lage sein, die unterschiedlichen Protokolle zu verstehen, wozu zumindest eine gute Netzwerkanbindung notwendig ist. Unter Umständen brauchen Sie auch weitere Hardware wie etwa einen ZigBee-Empfänger, wenn Sie entsprechende Geräte einbinden wollen. Auch einen sogenannten MQTT-Broker (*Message Queue Telemetry Transport*) – weit verbreitet ist *Mosquitto* – müssen Sie beispielsweise für den Datenaustausch mit vielen Geräten pflegen.

Meine Empfehlung: Wenn Sie erste Schritte in diesem Bereich wagen wollen, schauen Sie sich einmal *Home Assistant* an. Das Grundsystem ist ausgereift und kann vollkommen kostenlos genutzt werden. Da es ein internationales Community-Projekt ist, sind die Website und viel weiteres Material auf Englisch, nach der Installation können Sie die Menüs von Home Assistant aber auf Deutsch umstellen (siehe Abbildung 4.4).

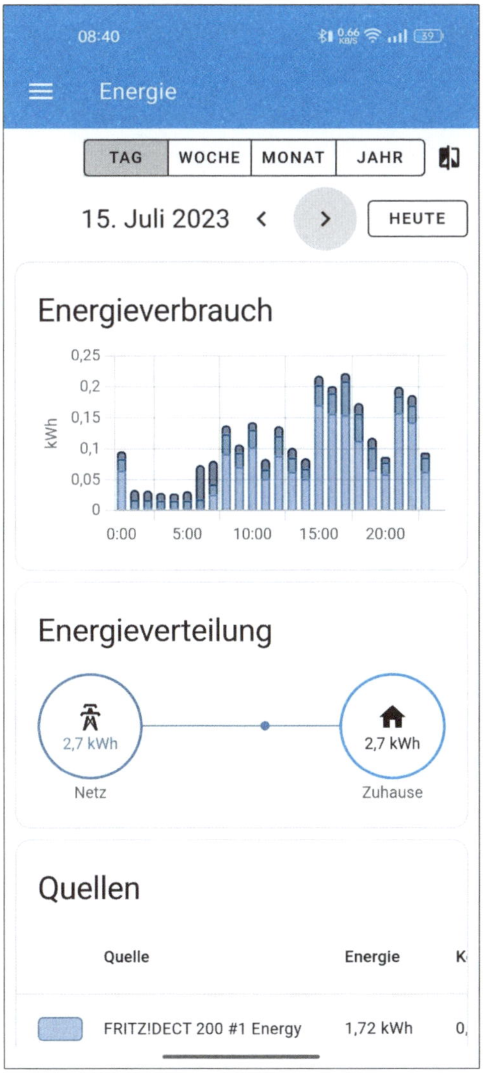

Abbildung 4.4 Home Assistant funktioniert auch auf dem Smartphone und zeigt übersichtlich Informationen zum Stromverbrauch an.

Für Ihr Balkonkraftwerk bringt Home Assistant bereits eine sehr umfassende Übersichtsseite zum Energieverbrauch mit, die einfach zeigt, wie viel Strom Sie gerade verbrauchen und wie viel Ihr Balkonkraftwerk produziert. Darauf gehe ich in Abschnitt 8.4 noch mal ein, wenn es darum geht, den Wechselrichter ins WLAN zu bringen.

Falls Sie Automatisierungen aufbauen wollen, haben Sie mit Home Assistant ein gutes Fundament für weitere Experimente. Trivial ist das allerdings nicht: Sie müssen alle Geräte integrieren und sich Ablauflogiken überlegen, die Ihnen das Leben leichter machen. Wenn Sie dazu einen Begleiter suchen, werfen Sie einen Blick in das Buch »Home Assistant« von Udo Brandes, aber auch auf den üblichen Internetplattformen finden Sie eine Menge Tutorials und Erklärungen zu diesem Thema. Das kann viel Spaß machen, ist aber auch viel Arbeit.

TEIL II

Ihr Balkonkraftwerk

Kapitel 5
Do it yourself!

Welche Voraussetzungen sollten erfüllt sein, und welches Werkzeug wird für die Montage eines Balkonkraftwerks benötigt? Mögliche Hindernisse wie fehlende Steckdosen oder Ablehnung durch Vermieter oder Eigentümergemeinschaften können überwunden werden. Auch bei der Wahl der Solarmodule gibt es Varianten, die eine Installation ermöglichen, wenn die Vorschriften reguläre Solarmodule nicht erlauben. Zusätzlich wird auf den Transport des Balkonkraftwerks und bürokratische Anforderungen wie die Anmeldung beim Netzbetreiber eingegangen.

Wie Sie das am besten zu Ihnen passende Balkonkraftwerk aussuchen, werden wir im nächsten Kapitel besprechen. Hier geht es erst einmal um die dafür nötigen Voraussetzungen allgemeiner und persönlicher Natur. Ich hatte schon geschrieben, dass die Installation eines Balkonkraftwerks an einem Nachmittag gelingen kann. Das ist richtig, wenn Sie alles vorbereiten, was sich um die Montage der Solarmodule dreht. Sie benötigen abhängig davon, wie die Begebenheiten bei Ihnen sind, die richtigen Halterungen, um die Solarmodule befestigen zu können. Denn Sie wollen ja nicht, dass diese bei einem Sturm wegfliegen und im schlimmsten Fall jemanden verletzen.

Handwerkliches Geschick

Versuchen Sie sich einmal selbst einzuschätzen. Sind Sie ein Handwerker? Besitzen Sie eine Bohrmaschine, und haben Sie schon erfolgreich Dübel in eine Wand gesetzt? Haben Sie verschiedene Schraubenschlüssel oder sogar eine Ratsche?

Wenn Sie alle diese Fragen mit Ja beantworten können, werden Sie kein Problem bei der Montage der Solarmodule haben. Sie müssen nur die richtigen Halterungen für Ihren Installationsort finden.

Besitzen Sie kein eigenes Werkzeug, haben noch nie mit Schraubenschlüsseln irgendetwas irgendwo montiert und sich noch nie Gedanken über Halterungen gemacht, dann wird die Montage der Solarmodule möglicherweise etwas schwieriger. Aber Sie bekommen das trotzdem hin, das ist alles kein Hexenwerk!

Zuerst einmal kann Ihnen der Lieferant Ihres Balkonkraftwerks helfen. Zeigen Sie diesem ein paar mit Ihrem Smartphone aufgenommene Bilder des Montageorts, also beispielsweise vom Geländer Ihres Balkons. Machen Sie mehrere Bilder aus verschiedenen Perspektiven und Entfernungen, damit sich der Lieferant ein gutes Bild davon machen kann, was für die Installation der Module bei Ihnen nötig ist. Auch ein paar Bilder von der Außenseite Ihres Balkons, etwa von der Straße aus, sind hilfreich. Wenn Sie einen Zollstock haben: Notieren Sie sich ein paar Maße, beispielsweise von der Höhe und Breite Ihres Geländers oder wie lang die einzelnen Abschnitte sind, falls Sie eine Ecke oder einen Knick im Geländer haben. Messen Sie auch, wie dick der Handlauf und die einzelnen Streben und Rohre sind. Notieren Sie lieber ein paar Dinge zu viel als zu wenig.

Mit all diesen Informationen kann Ihnen der Lieferant die richtigen Halterungen geben, die zur Montage des Balkonkraftwerks nötig sind.

Sie sehen, besonders viele Gedanken müssen Sie sich nicht machen, es reicht, ein paar Bilder zu schießen und ein paar Zahlen zu notieren.

Wenn Sie die passenden Halterungen bekommen haben, können Sie prüfen, ob Sie das dazu nötige Werkzeug haben. Was Sie wahrscheinlich brauchen werden, führe ich auf den folgenden Seiten noch aus. Aber zuerst sprechen wir an, wie Sie ein Balkonkraftwerk montiert bekommen, falls Sie zwei linke Daumen haben: Sie laden ein paar Freunde zu einer Grillparty mit Montage ein.

Falls Sie einen oder mehrere Freunde oder Bekannte haben, die handwerklich begabt sind, bitten Sie sie doch einfach mal, mit Ihrer Werkzeugtasche einen Nachmittag vorbeizukommen. Stellen Sie ein paar leckere Steaks vom Grill in Aussicht. Wer kann da schon Nein sagen?

Und nun die letzte Variante, falls dies alles nicht möglich ist: Es gibt flexible Solarmodule, die klein und handlich sind und die mit Klettstreifen an einem Balkongeländer angebracht werden können. Das bekommen Sie auch hin, wenn Sie handwerklich noch dazulernen können. Und bei einem Balkon ab einer gewissen Höhe sind diese flexiblen Module sowieso die einzige zugelassene Möglichkeit. (Probleme mit Vorschriften spreche ich in Abschnitt 6.1, »Worauf Sie beim Kauf achten sollten«, an.)

Bevor Sie das Balkonkraftwerk aber montieren können, müssen Sie es erst nach Hause bekommen ...

Lieferung und Transport

Wahrscheinlich werden Sie Ihr Balkonkraftwerk selber holen. Das senkt den Preis, und die verschiedenen Firmen, die sich auf günstige Preise für die Balkonkraftwerke spezialisiert haben, können diese Preise auch nur ohne Lieferung möglich machen. Wenn Sie Ihr Balkonkraftwerk in einem Baumarkt kaufen, ist der Transport ebenfalls Ihre Aufgabe.

Klar, eventuell können Sie sich ein Balkonkraftwerk auch liefern lassen, die Option wird manchmal angeboten. Allerdings sind die Preise dafür so hoch, dass sich das kaum lohnt. Die Solarmodule sind empfindlich, und die vorsichtige Behandlung beim Transport ist oft mit einem Aufpreis verbunden.

Einfacher und sicherer für die Solarmodule ist es, das Balkonkraftwerk selbst abzuholen. Was brauchen Sie dafür?

Erst einmal ist ein Auto nötig, in das die Solarmodule hineinpassen. Ein Kombi oder Fließheck, bei dem die Rücksitze umgelegt werden können, ist in der Regel ausreichend. Sie benötigen nicht viel Höhe, nur viel Ladefläche. Ein Solarmodul hat eine Höhe und Breite von circa 1,7 × 1,1 Meter. Stellen Sie sich einmal eine Ihrer Wohnungstüren vor, nur etwas niedriger und dafür ein gutes Stück breiter. Passt so eine Tür in Ihr Auto? Falls ja, stehen die Chancen gut, dass die Solarmodule auch hineinpassen. Mit einem Maßband können Sie einmal den Laderaum ausmessen. Legen Sie die Rückbank um, schieben Sie die beiden vorderen Sitze etwas nach vorne und messen Sie den so entstandenen Raum. Wenn Sie nun so was wie 1,8 × 1,2 Meter messen, dürften Sie keinerlei Probleme haben, die Solarmodule selbst abholen und transportieren zu können. Falls es etwas knapper ist, müssen Sie herausfinden, wie groß genau die Solarmodule des Balkonkraftwerks sind, das Sie sich ausgesucht habe. Hier kommt es nun auf jeden Zentimeter an! Vergleichen Sie die Maße und den Platz genau, um sicher zu sein.

Ist Ihr Auto zu klein, fragen Sie den Nachbarn, oder mieten Sie stundenweise einen Transporter beim Baumarkt. Ersteres kostet eine weitere Einladung zum Grillen, Letzteres ist oft günstiger, wenn es nicht am Wochenende ist.

Dann benötigen Sie noch ein zweites paar Hände. Fahren Sie zu zweit zur Abholung, allein bekommt man die Module nicht ins Auto. Ein einzelnes Solarmodul wiegt etwa 20 Kilo. Gehen Sie vorsichtig mit den Solarmodulen um und nehmen Sie ein paar Decken mit, um nichts zu verkratzen.

Danach müssen Sie nur alles wieder aus dem Auto herausbekommen und auf Ihren Balkon tragen. Dann haben Sie es geschafft.

5.1 Was Sie selbst machen können – und was nur der Profi kann

Es gibt ein paar Dinge im Umgang mit Strom, die Sie nicht machen dürfen, wenn Sie kein Elektriker sind. Und ich möchte Sie auch nicht ermutigen, etwas an Ihrer Elektroinstallation zu tun, was Sie nicht dürfen. Diese Verbote und Vorschriften haben einen guten Grund: Strom kann Sie töten. Wenn Sie einen blanken Draht anfassen, auf dem Spannung ist, stehen die Chancen gut, dass Sie sich umbringen.

Strom ist gefährlich!

»Messer, Gabel, Schere, Licht sind für kleine Kinder nicht ...«

... bei Strom gilt das auch für große Kinder. Beachten Sie daher unbedingt folgenden Punkte:

- Lassen Sie die Finger vom Strom!
- Fassen Sie keine blanken Drähte an!
- Schrauben Sie nicht an Steckdosen oder Lichtschaltern herum!
- Fummeln Sie nicht im Sicherungskasten herum!

Wenn etwas mit Strom zu tun hat und Sie sich nicht sicher sind, was Sie tun, rufen Sie einen Profi! Es geht nicht anders, Sie können sonst Schaden nehmen. Und nicht nur das: Wenn ein Personen- oder Sachschaden passiert, wird Ihre Versicherung sehr wahrscheinlich keine Leistungen zahlen, wenn die Arbeiten nicht fachgerecht durchgeführt wurden.

Alte Elektroinstallationen

Und leider gehen die Warnungen noch weiter: Sollte Ihre Elektrik im Haus oder in der Wohnung mehr als 20 oder 30 Jahre alt sein und sich schon mal merkwürdig verhalten – fliegen beispielsweise häufiger mal Sicherungen raus –, dann lassen Sie Ihre Elektrik sicherheitshalber überprüfen, bevor Sie ein Balkonkraftwerk kaufen und anschließen.

Bitten Sie einen Elektriker, die Hauselektrik nach der *DIN VDE 0298-4* zu überprüfen. Mit dieser Norm im Hinterkopf achtet die Fachkraft darauf, ob die Anforderungen für die Bemessung der Strombelastbarkeit von Kabeln und Leitungen unter verschiedenen Betriebsbedingungen gegeben sind und ob dem Einsatz eines Balkonkraftwerks nichts im Weg steht. Sie berücksichtigt dabei Faktoren wie die Art der Verlegung, die Anzahl der belasteten Adern und andere Einflussgrößen. Ziel ist es, eine sichere und effiziente Stromübertragung zu gewährleisten und Überhitzung oder Beschädigungen der Leitungen zu vermeiden.

Es gibt Grenzfälle, die theoretisch konstruiert werden können, bei denen ein Balkonkraftwerk eine Leitung überlasten kann, wenn an diesem Zweig der Elektroinstallation sehr viele Verbraucher hängen und die Sicherung schon kurz vor der Überlastung steht.

Manche Menschen warnen eindringlich davor, andere halten solche Fälle für übertrieben dargestellt und in der Realität nicht vorkommend. Ich weiß nicht genau, wie man solche Kassandra-Rufe einordnen soll. Bei extrem alten Elektroverkabelungen –

etwa in Omas Haus aus den 1950er-Jahren – kann solch ein Fall auftreten. Aber in modernen Wohnungen und Häusern halte ich diese Bedenken für übertrieben.

Ich glaube jedoch, dass Sie auch selbst zu einer ersten Einschätzung kommen können, indem Sie die folgenden Bilder mit Ihrem Sicherungskasten vergleichen:

Abbildung 5.1 Eine extrem alte und unsichere Elektroinstallation

Der Sicherungskasten in Abbildung 5.1 ist ein extremes Beispiel. Wenn Sie einen Sicherungskasten sehen, in dem Brandspuren sichtbar sind oder in dem die Leitungen offen liegen und der einen Stromzähler hat, dessen schwarzes Gehäuse rund ist, sollten Sie sofort einen Elektriker rufen. Ich persönlich hätte Schweißperlen auf der Stirn, wenn ich in solch einem Haushalt einen Wasserkocher einschalten würde.

In diesem Fall geht es also eigentlich gar nicht darum, ob nun ein Balkonkraftwerk sicher angeschlossen werden kann, denn die ganze Elektroinstallation sieht katastrophal unsicher aus. Sie können mit Problemen rechnen, egal ob Sie nun ein 600-W-Solarmodul, einen Staubsauger oder eine Kaffeemaschine anschließen.

Ein Sicherungskasten wie der in Abbildung 5.2 ist zwar alt, aber nicht schlecht. Er sieht sauber aufgebaut aus und scheint fachmännisch installiert worden zu sein. Die runden Sicherungen werden heutzutage zwar nicht mehr verwendet, aber schlecht muss die Elektroinstallation in dieser Wohnung oder diesem Haus nicht sein. Wenn keine merkwürdigen Phänomene wie ständig herausfliegende Sicherungen auftreten, sollte alles okay sein.

Abbildung 5.2 Eine veraltete, aber nicht unbedingt unsichere Elektroinstallation

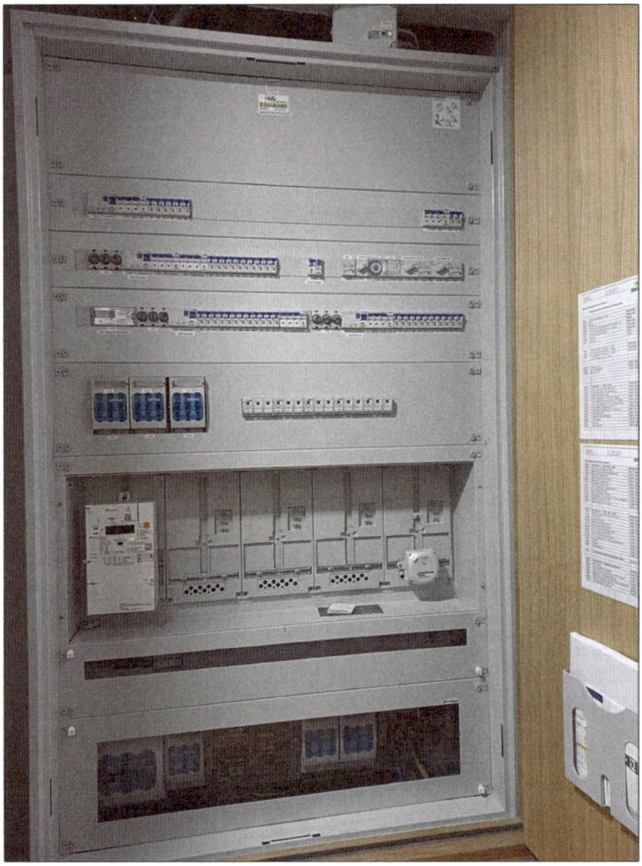

Abbildung 5.3 Eine moderne Elektroinstallation, die sicher ist

Abbildung 5.3 zeigt einen modernen und dem aktuellen Stand entsprechenden Sicherungskasten. Die Haus-/Wohnungselektrik ist bei solch einem Sicherungskasten mit Leistungsschutzschalter als sicher anzusehen. Diese Sicherungen mit Kipphebel – man nennt sie auch *Sicherungsautomaten* – sind modern und sicher. Zu dem Zeitpunkt, an dem sie installiert wurden, waren auch schon andere VDE-Vorschriften in Kraft, die die gesamten Stromkreise sicher machen. Hier sollten Sie bedenkenlos ein Balkonkraftwerk anschließen können, ohne dass irgendein Problem entsteht.

Ihr Sicherungskasten wird von seinem Aussehen und seinem Aufbau anders aussehen. Ich kann Ihnen mit solchen Bildern nicht alle Möglichkeiten zeigen, die existieren. Lassen Sie sich von Ihrem Gefühl leiten: Würden Sie Ihren Sicherungskasten irgendwie zwischen der ersten und zweiten Abbildung einzuordnen, gehen Sie lieber auf Nummer sicher: Lassen Sie mal einen Elektriker vorbeikommen und erzählen Sie ihm, was Sie vorhaben. Meistens können die Profis schon nach einem kurzen Blick sagen, ob alles sicher ist.

Fehlerstromschutzschalter

Ein *Fehlerstromschutzschalter* ist nicht notwendig für ein Balkonkraftwerk und auch nicht Vorschrift für dessen Installation. Aber bei Gelegenheit sollten Sie mal mit einem Elektriker reden: Es ergibt Sinn, solch einen Fehlerstromschutzschalter nachzurüsten, weil er Leben retten kann.

Falls Ihr Sicherungskasten eher zwischen der zweiten und dritten Abbildung eingeordnet werden kann, müssen Sie sich wahrscheinlich keine Sorgen machen.

Wohnen Sie zur Miete, werden Sie möglicherweise gar nicht an den Sicherungskasten herankommen. In dem Fall fragen Sie Ihren Vermieter, ob Sie den Sicherungskasten einmal sehen dürfen. Sie müssen ja noch nichts von einem Balkonkraftwerk erzählen. Sagen Sie, Sie wären neugierig. Nehmen Sie Ihre Tochter mit und sagen Sie, sie würde sich für ein Schulprojekt dafür interessieren und möchte ein Foto mit dem Smartphone damit machen. Ihnen fällt schon was ein, und man muss ja keine Pferde scheu machen, bevor es an die eigentliche Arbeit geht.

Blitzschutz und Potenzialausgleich

Ein *Blitzschutz* für das Balkonkraftwerk ist bei Privatanlagen nicht vorgeschrieben, denn das Balkonkraftwerk befindet sich, wenn es wirklich auf dem Balkon installiert ist, im Blitzschutzbereich des Hauses. (Die meisten Privathäuser in Deutschland verfügen in der Regel über keinen Blitzableiter.)

Der Potenzialausgleich wird durch den Schukostecker hergestellt. Zusätzlich kann man, wenn man möchte, die Solarmodule mit Ihrem Erdungsanschluss an ein geerdetes Balkongeländer anschließen (siehe Abbildung 5.4).

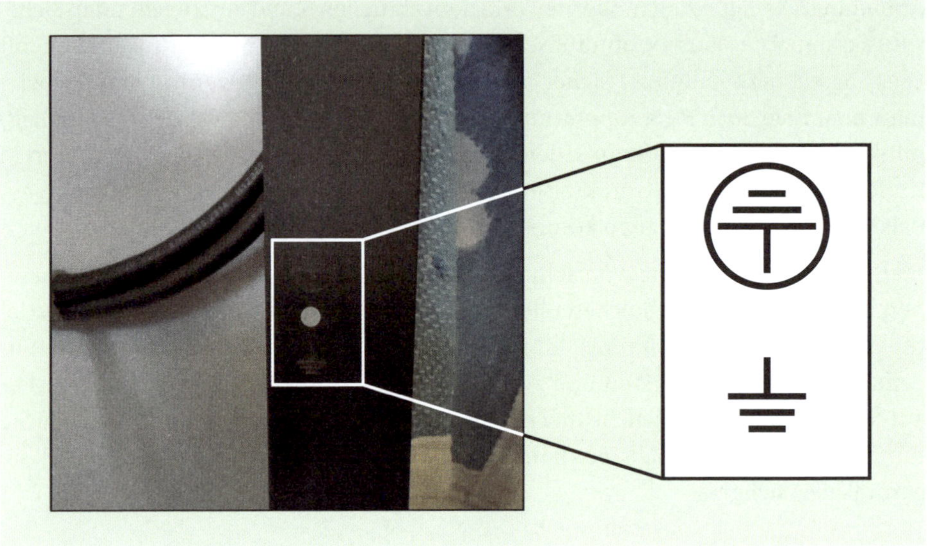

Abbildung 5.4 Erdungsanschluss für ein Solarmodul

Ein Balkonkraftwerk ist sicher

Das Balkonkraftwerk und all seine Leitungen, der Wechselrichter und die Solarmodule wurden so konzipiert und hergestellt, dass Ihnen nichts passieren kann. Alles ist aufeinander abgestimmt, kann einfach zusammengesteckt werden und wird dann in eine Steckdose gesteckt.

Abbildung 5.5 Ein Schukostecker

Ist auf dem Stecker des Balkonkraftwerks Strom?

Der Schukostecker des Balkonkraftwerks wird ja genutzt, um den von den Solarmodulen erzeugten Strom in Ihr Hausnetz einzuspeisen. Sie werden nun sicher vermuten, dass dann auf den beiden Steckkontakten, die aus dem Stecker herausschauen, Strom ist, oder?

Zunächst einmal steht sicher auch in Ihrer Installationsanleitung, dass dieser Stecker als Erstes eingesteckt werden muss, bevor die Solarmodule mit dem Wechselrichter verbunden werden. Und zweitens fängt der Wechselrichter erst an zu arbeiten, wenn er über diesen Schukostecker feststellen kann, dass dieser in eine Steckdose eingesteckt ist. Vorher ist auf dem Stecker kein Strom drauf. Aber sicher ist sicher: Stecken Sie den Stecker als Erstes ein und verbinden Sie dann erst den Rest mit dem Wechselrichter.

Balkon ohne Steckdose

Ein wichtiges Element bei der Installation eines Balkonkraftwerks ist die auf dem Balkon benötigte Steckdose. Möglicherweise ist auf Ihrem Balkon keine vorhanden, und auch keine andere Steckdose im Außenbereich ist einfach erreichbar. Das ist oft das größte Problem, das dem Wunsch nach einem Balkonkraftwerk im Weg stehen kann.

Sich eine neue Steckdose auf den Balkon setzen zu lassen, ist eine bauliche Veränderung, die Ihnen Ihr Vermieter möglicherweise nicht erlauben wird. Und wenn doch, sind die Kosten für Handwerker und Elektriker, die Ihnen die Steckdose auf dem Balkon installieren, nicht gering. Das kann die Ausgaben ordentlich in die Höhe treiben.

Für diesen Fall gibt es die Möglichkeit, eine Fensterdurchführung zu nutzen. Bei den üblichen Onlinehändlern gibt es unter der Bezeichnung »Solarkabel Fensterdurchführung Flach MC4« Verbindungsstücke, die Sie durch die Falz eines Fensters legen können. Allerdings müssen Sie den Wechselrichter dann innen aufstellen.

5.2 Ihr Werkzeugkasten

Um Ihre Solarmodule anzubringen, müssen Sie sie mit Halterungen am Balkongeländer befestigen. Wie genau diese Halterungen bei Ihnen aussehen und wie sie an Ihrem Balkongeländer befestigt werden, ist nicht pauschal vorhersagbar. Aber im Allgemeinen sind es Halbschellen, die mit einer Mutter oder Flügelmutter festgezogen werden.

Der Lieferant Ihres Balkonkraftwerks wird Ihnen das passende Montagematerial mitgeben können. Wie schon im vorherigen Abschnitt erwähnt, sollten Sie ihm Bilder Ihres Balkons und des Montageorts zeigen, er wird Ihnen die passenden Halterungen geben und erklären können. Fragen Sie ihn nach dem dafür nötigen Werkzeug, denn wie auch immer die Halterungen konstruiert sind, ein paar einfache Werkzeuge werden Sie brauchen.

Allgemein nützliches und praktisches Werkzeug

Ein Akkuschrauber ist für viele Reparaturen im Haus praktisch. Ein einfaches Modell reicht, die Akkutechnologie und die Spannung sind in dieser Kategorie nicht wichtig (siehe Abbildung 5.6).

In Kombination mit einem Bohrer-Set für Holz und Stein sind Sie für fast alles gerüstet, was in Ihrem Haushalt an Arbeiten anfallen kann.

Abbildung 5.6 Akkuschrauber

Eine Ratsche mit einem dazu passenden Set an Nüssen ist gut geeignet, um Schrauben und Muttern festziehen zu können (siehe Abbildung 5.7).

Abbildung 5.7 Ratsche mit Nüssen

Das Gleiche gilt für ein Set Ring- und Maulschlüssel. Damit lassen sich auch Muttern an schwierigen Stellen festziehen (siehe Abbildung 5.8).

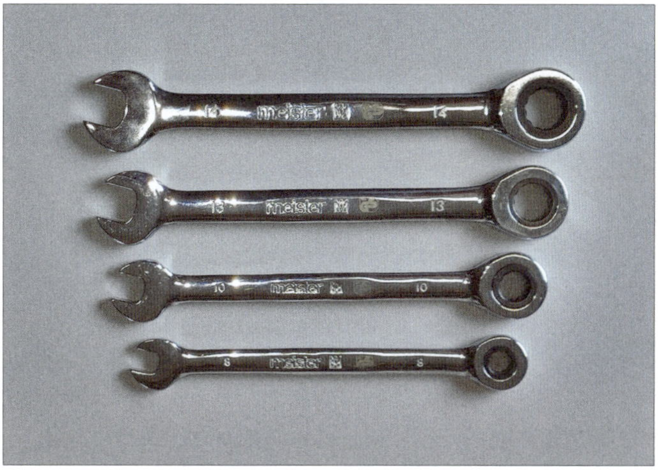

Abbildung 5.8 Maulschlüssel

Ein paar Schraubendreher gehören in jedes Werkzeug-Set (siehe Abbildung 5.9). Es gibt immer mal eine Schraube, die rein- oder rausgedreht werden muss. Achten Sie darauf, sowohl Schlitz- als auch Kreuzschraubendreher in zwei verschiedenen Größen im Set zu haben. Ein Spannungsprüfer-Schraubendreher (der durchsichtige Schraubendreher mit einer roten Kappe) ist praktisch, um zu testen, ob eine Steckdose funktioniert.

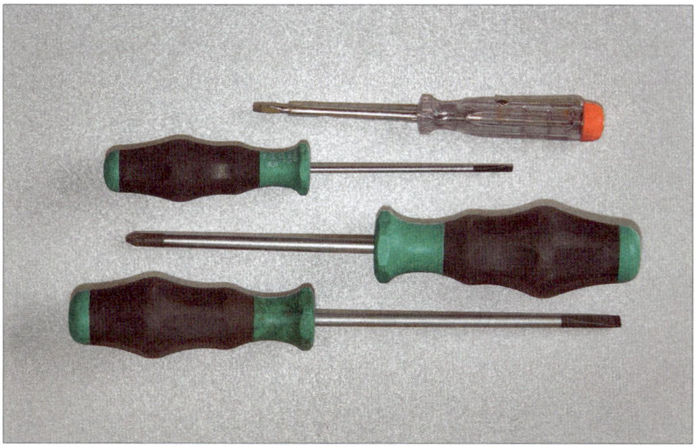

Abbildung 5.9 Schraubendreher

Die Solarmodule sollten eigentlich automatisch gerade hängen, wenn sie an einem Balkongeländer angebracht sind. Aber für alle anderen Gelegenheiten ist es manchmal ganz zu, wenn man nachschauen kann, ob etwas »im Wasser« ist. Mit einer

Wasserwaage können Sie überprüfen, ob etwas genau waagerecht oder senkrecht ist (siehe Abbildung 5.10).

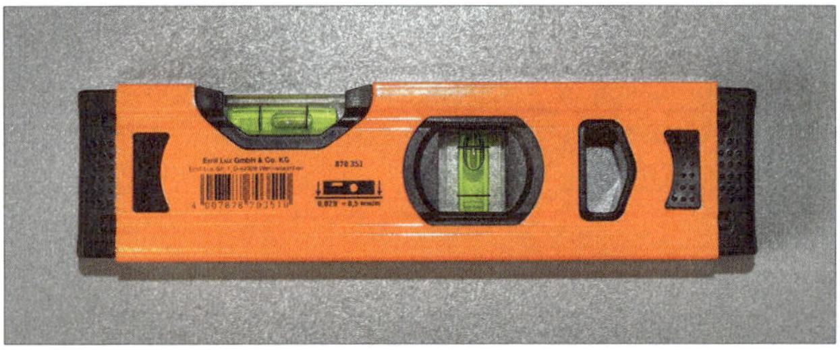

Abbildung 5.10 Wasserwaage

Um Abstände zu messen, Räume auszumessen oder um zu markierende Punkte zu messen, ist ein Zollstock unverzichtbar. Ein Bandmaß geht oft auch, aber ein Zollstock ist manchmal besser zu benutzen, weil er starr ist (siehe Abbildung 5.11).

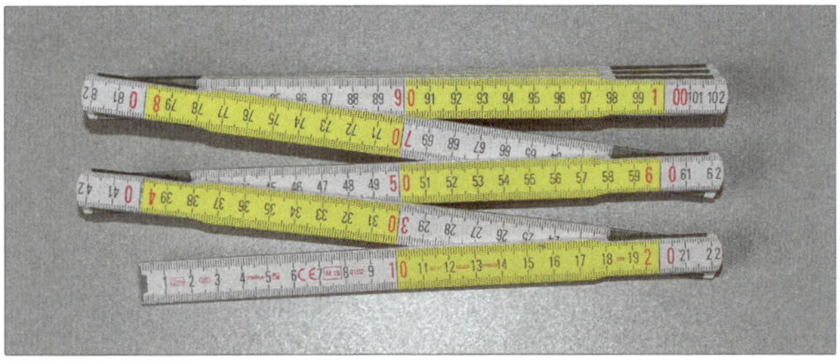

Abbildung 5.11 Zollstock

Mit der Zange können Sie Dinge halten und auch biegen, der Seitenschneider durchtrennt Drähte (siehe Abbildung 5.12).

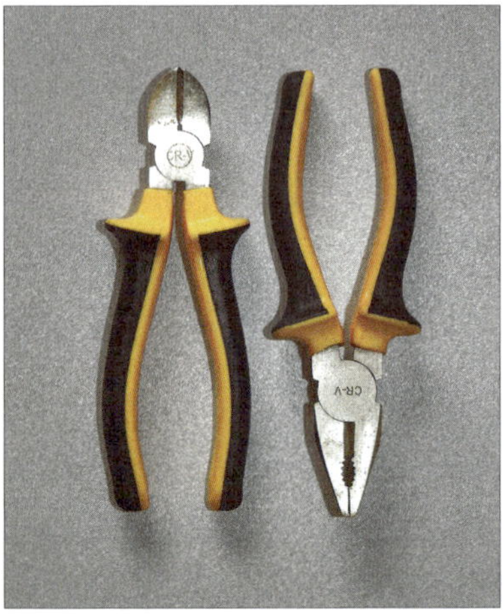

Abbildung 5.12 Zange und Seitenschneider

In den Baumärkten erhalten Sie in der Regel platzsparende Werkzeugkoffer oder Taschen, in denen alles enthalten ist, was das Handwerkerherz begehrt. Mit solch einem Komplettpaket sind Sie Ihr Leben lang für alle gängigen Eventualitäten ausgerüstet, und damit sollten Sie ohne Probleme in der Lage sein, ein Balkonkraftwerk anzubringen. Aber schauen Sie dennoch zuerst, was Sie für die Halterungen Ihres Balkonkraftwerk benötigen, und suchen Sie dann das am besten passende Set heraus.

5.3 Das Balkonkraftwerk als »privilegierte Maßnahme«

Es kann zu Problemen kommen, wenn der Vermieter oder die Eigentümergemeinschaft der Installation eines Balkonkraftwerks nicht zustimmen will. Ein pauschales Verbot ist möglich und gutes Recht des Vermieters, der damit beispielsweise eine Beschädigung der Bausubstanz verhindern möchte. Es ist sein Eigentum und ein Verbot somit ein Stück weit nachvollziehbar.

Allerdings sind Balkonkraftwerke so gemacht, dass nur ein Stecker in eine Steckdose gesteckt werden muss und sie mit normalen Klammern oder Schellen an einem Balkongeländer befestigt werden können. Dies sind keine baulichen Veränderungen, und das Einstecken eines Steckers ist eine normale Sache ohne Auswirkung auf das elektrische Hausnetz.

Um die Energiewende voranzubringen, wird deshalb erwartet, dass ein Gesetz verabschiedet wird, das die Installation eines Balkonkraftwerks als »privilegierte Maßnahme« einstuft, ähnlich wie es schon für eine E-Auto-Ladestation geschehen ist. Aber wie wir bereits bei den Wallboxen für das E-Auto gesehen haben, gibt es immer noch gewisse Stolpersteine und Hürden. Oft wird von der Gegenseite die Kenntnis eines solchen Gesetzes geleugnet und weiterhin pauschal eine Absage erteilt.

Aktuell verspricht beispielsweise ein deutscher Immobilienkonzern in den Medien und im Internet, dass es »in der Regel« allen Mietern die Installation eines Balkonkraftwerks erlaubt. In der Praxis hat sich aber in den letzten Monaten gezeigt, dass diese Zusage an viel zu umfangreiche Voraussetzungen geknüpft ist. Unter anderem wird die Installation eines Balkonkraftwerks nur erlaubt, wenn bereits eine Steckdose auf dem Balkon vorhanden ist – eine Voraussetzung, die bei den meisten Mietern nicht gegeben ist. Zudem weisen sie darauf hin, dass eine nachträgliche Installation einer solchen Steckdose nicht erlaubt ist.

Es geht auch ohne Steckdose auf dem Balkon

Falls Sie keine Steckdose auf dem Balkon haben, müssen Sie die Pläne für ein Balkonkraftwerk nicht aufgeben. Es gibt Fensterdurchführungen, die extra flexibel und flach sind. Damit können Sie eine Steckdose im Innenraum für die Einspeisung nutzen. Suchen Sie mit einer Suchmaschine Ihrer Wahl nach dem Begriff »Solarkabel Fensterdurchführung Flach MC4«. MC4 bezeichnet hierbei die Solarstecker an Ihrem Solarmodul. Diese rund 30 Zentimeter langen Verbindungsstücke können Sie durch die Falz eines Fensters legen.

Darüber hinaus wird verlangt, dass das Balkonkraftwerk ausschließlich von einem Fachbetrieb installiert, befestigt und in Betrieb genommen wird, und alle Vorgänge müssen durch eine Rechnung belegt werden. Zudem ist es erforderlich, eine Erklärung dahin gehend zu unterschreiben, dass man sich an die aktuelle gesetzliche Regelung hält (600 Watt und Wieland-Steckdose, siehe Abbildung 5.13), sowie eine zusätzliche Versicherung mit einer Deckungssumme von bis zu zehn Millionen Euro für Schäden abzuschließen.

Abbildung 5.13 Wieland-Buchse und Stecker

Diese Auflagen sind natürlich Quatsch, insbesondere bei Balkonkraftwerk-Sets, die dem Käufer als »steckerfertig« verkauft werden.

Es gibt zahlreiche Berichte darüber, dass Vermieter und Eigentümergemeinschaften die Installation eines Balkonkraftwerks ablehnen oder nur unter unverhältnismäßigen Bedingungen zulassen. In vielen Fällen kann das die Freude an der Idee trüben, und man fühlt sich gezwungen, auf gesetzliche Änderungen zu warten, die die Installation zu einer privilegierten Maßnahme erklären und so eine pauschale Ablehnung ausschließen.

Somit ist es für Mieter vor der Anschaffung eines Balkonkraftwerks unerlässlich, sich über die Bestimmungen Ihres Vermieters oder die Bedingungen Ihrer eigenen Eigentümergemeinschaft zu informieren.

Und was kann da schlimmstenfalls kommen?

Viele Vermieter und Eigentümergesellschaften nutzen ein Dokument, das unter der Bezeichnung *230123_ah_balkonhaengende_pv.pdf* online auffindbar ist. Dieses vom Bundesverband deutscher Wohnungs- und Immobilienunternehmen e. V. veröffentlichte Dokument trägt den Titel *Arbeitshilfe für Wohnungsunternehmen zum proaktiven Umgang mit Balkon-Photovoltaik-Anlagen*. Es scheint konzipiert zu sein, um potenzielle Installateure eines Balkonkraftwerks maximal abzuschrecken.

Aber lassen Sie sich nicht entmutigen. Sie können die Situation zu Ihrem Vorteil wenden. Laden Sie das Dokument vorher herunter und machen Sie sich mit den Punkten vertraut, die als Argumente gegen Sie verwendet werden könnten.

Greifen Sie diese Punkte in Ihrer Anfrage zur Installation eines Balkonkraftwerks proaktiv auf. Betonen Sie zum Beispiel, dass die Installation keine baulichen Veränderungen verursacht, dass keine Änderungen am Stromkreis erforderlich sind, dass Ihre Versicherung das Balkonkraftwerk abdeckt (was sie meistens tut – lesen Sie Abschnitt 9.4 und fragen Sie mal bei Ihrer Versicherung nach) und dass keine Blendwirkung zu erwarten ist, um nur einige Aspekte zu nennen.

Versuchen Sie, eventuellen Einwänden so früh wie möglich entgegenzuwirken. Formulieren Sie einen freundlichen Brief, in dem Sie Ihre Kenntnisse und Ihre Kontrolle über die Situation unter Beweis stellen.

Mit der Hilfe dieses Buchs können Sie auf alle Argumente eingehen und sich mit der Fachsprache vertraut machen, die Ihnen möglicherweise entgegengeschleudert wird. Lassen Sie sich nicht einschüchtern oder unter Druck setzen. Sollten Fragen aufkommen, auf die Sie nicht vorbereitet sind oder zu denen Sie erst noch recherchieren müssen, kündigen Sie eine schriftliche Antwort an, nachdem Sie sich von Fachleuten haben beraten lassen (etwa von einem Elektriker, der bei einem großen Solarunternehmen arbeitet). Lassen Sie sich nicht in die Defensive drängen.

Mit dieser Herangehensweise stehen Ihre Chancen gut, die Zustimmung zu erhalten. Einige Dokumente können Sie naturgemäß erst nach der Installation vorlegen. In diesem Fall sind Sie natürlich »aktiv hinterher, die Angelegenheit zu klären« und werden die noch ausstehenden Unterlagen »so schnell wie möglich« nachreichen.

Das neue Gesetz, das die Balkonkraftwerke als privilegierte Maßnahme einstuft, wird früher oder später kommen. Dann darf schon mal nicht mehr pauschal abgelehnt werden, sondern nur aus gutem Grund. Damit ist die größte Hürde genommen. Die restlichen Einwände, die Ihnen möglicherweise noch begegnen werden, können Sie mit der eben beschriebenen Methode entkräften.

Balkonkraftwerke mit flexiblen Solarmodulen, die mit Klettbändern am Geländer des Balkons befestigt werden, können unter Umständen als »Sichtschutz« durchgehen. Diese flexiblen Module sind dann zwar nicht mit einer Neigung angebracht, die den Ertrag steigert, aber sie funktionieren auch bei senkrechter Montage erstaunlich gut.

Sollte das alles nicht funktionieren, stellen Sie sich erst einmal einen Solartisch auf den Balkon oder die Terrasse. Wenn Sie zur Miete wohnen, sind Sie ja auf ein gutes Verhältnis mit Ihrem Vermieter angewiesen, also ist es manchmal notwendig, doch nicht zu sehr auf Konfrontation zu gehen. Da ist dann ein Solartisch eine wunderbare Möglichkeit. Später einmal, wenn sich die Umstände ändern oder Sie umziehen, können Sie die Beine abschrauben und das Solarmodul am Balkongeländer weiterverwenden.

Was ist ein Solartisch?

Ein Solartisch ist ein Solarmodul mit Tischbeinen oder Untergestell. Solarmodule sind erstaunlich widerstandsfähig und robust. Das gehärtete Glas mit den Solarzelle darunter ist eine interessante Oberfläche und ein echter Hingucker. Der Wechselrichter ist unsichtbar angebracht, und vom Tisch wird nur ein Kabel zu einer Steckdose gelegt. Damit dieser Tisch Sonnenlicht in Energie umwandeln kann, muss die Tischplatte bei Nichtbenutzung natürlich frei bleiben.

Theoretisch ließe sich ein solcher Tisch sicherlich auch selbst bauen, einfacher ist es aber, ihn direkt fertig zu beziehen. Alle Informationen dazu finden Sie unter *https://www.solarklapptisch.de*.

Abbildung 5.14 Ein Solargartentisch mit 380 Watt Leistung

Ein weiterer nötiger bürokratischer Aufwand ist die Anmeldung beim Netzbetreiber und beim Marktstammdatenregister. Das ist der einfache Teil (mehr dazu in Kapitel 9, »Der Papierkram«).

Kapitel 6
Das passende Modell finden

Bei der Auswahl eines Balkonkraftwerk-Sets sollte man sich auf den Gesamtpreis und den Lieferumfang konzentrieren, anstatt sich auf technische Details zu fokussieren. Die Leistung des Balkonkraftwerks sollte die gesetzlichen Vorgaben nicht überschreiten. Bei der Auswahl der Solarmodule sind Größe und Kompatibilität mit dem Installationsort wichtig. Die Wirtschaftlichkeit hängt von Kosten, Einsparungen und Lebensdauer ab, aber die Entscheidung für ein Balkonkraftwerk sollte nicht nur aus finanziellen, sondern auch aus Umweltgründen getroffen werden.

Wie finden Sie das für Sie richtige Balkonkraftwerk-Set? Es gibt so viele Angebote ...

Zuerst einmal das Wichtigste: Ein detaillierter Vergleich der Technik lohnt sich nicht wirklich: Heutige Solarmodule haben alle eine Effizienz von 20 bis 22 %, Wechselrichter von 93 % oder mehr. Rechnet man kleine mögliche technische Differenzen bei den erhältlichen Balkonkraftwerk pro Jahr in Euro aus, ergibt sich oft ein Unterschied von weniger als einem Euro pro Jahr.

Die Technik wurde mitterweise so optimiert, dass Sie als Verbraucher keine Zitrone mehr angedreht bekommen. Achten Sie beim Kauf eines Balkonkraftwerks lieber auf den Gesamtpreis und den Lieferumfang. Sind alle Kabel, Halterungen, Schrauben und Befestigungsmaterialien dabei? Können Sie das Balkonkraftwerk selbst abholen und transportieren, um Versand- oder Transportkosten zu sparen? Passen die Module an den Installationsort? Diese Fragen sind alle deutlich wichtiger, und die besprechen wir nun.

6.1 Worauf Sie beim Kauf achten sollten

Die Balkonkraftwerk-Sets, die steckerfertig gekauft werden können, sind in verschiedenen Leistungsklassen erhältlich. Laut gesetzlichen Regelungen dürfen Balkonkraftwerke in Deutschland momentan jedoch nicht mehr als 600 Watt elektrische Leistung in das Hausnetz einspeisen.

Wie viel Leistung darf ein Balkonkraftwerk haben?

- Österreich: 800 Watt
- Schweiz: 600 Watt
- Deutschland: 600 Watt

(Stand: Mitte 2023)

Es wird erwartet, dass die momentan in Deutschland definierte Grenze mit dem neuen Balkonkraftwerkgesetz auch auf 800 Watt angehoben wird. Aus diesem Grund beinhalten viele Sets zum jetzigen Zeitpunkt einen Wechselrichter, der künstlich auf 600 Watt begrenzt ist und der bei einer Änderung der Gesetzeslage auf 800 Watt umgestellt werden kann.

Balkonkraftwerk oder Steckersolargerät?

Es gibt keinen Unterschied zwischen einem *Balkonkraftwerk* und einem *Steckersolargerät*, es sind nur verschiedene Namen für die gleiche Sache. Weitere Namen sind *Mini-PV-Anlage*, *Plug-in-Solaranalage*, *Guerilla-PV* und *Micro-Solarmodul*.

Da sich die Grenze aber nur auf die Einspeisung in das Hausnetz bezieht, sind die Solarmodule in ihrer Leitung nicht begrenzt, zumindest nicht von einer Vorschrift.

Technisch gibt es schon eine Grenze, denn der Wechselrichter und die Solarmodule müssen zueinander passen, damit die Umwandlung von Sonnenlicht in Strom effizient läuft. Deshalb haben die aktuell in den Sets verkauften Solarmodule meist eine Leistung von um die 400 Watt. Dies bedeutet, zwei Solarmodule haben eine theoretische Spitzenleistung von 800 Watt. Der mit den Solarmodulen benötigte Wechselrichter, der meist dem Set beiliegt, speist davon lediglich die maximal erlaubten 600 Watt in das Hausnetz ein.

Das Erneuerbare-Energien-Gesetz

Das *Erneuerbare-Energien-Gesetz* ist seit Januar 2023 (*EEG 2023*) nun vollständig in Kraft. Die Einspeisung wird wieder besser vergütet, Solarmodule können jetzt auch im Garten aufgestellt werden und müssen nicht nur auf dem Hausdach montiert sein. Für Balkonkraftwerke hat das neue Gesetz die Auswirkung, dass der Kauf umsatzsteuerbefreit ist. Das macht die Balkonkraftwerke günstiger!

Solarmodule können unterschiedliche Größen haben. Wenn die Solarmodule nicht in einem Winkel, sondern flach an Ihrem Balkongeländer angebracht werden sollen oder müssen, lohnt es sich durchaus, vor dem Kauf die Maße der Module genau in Erfahrung zu bringen. Die kleineren Module können auch bei nicht so großen Balkonen so viel Fläche wie möglich abdecken und den Ertrag damit steigern, den Sie sonst nur mit einem großen Solarmodul erbringen könnten. Das ist ein wesentlicher Faktor beim Kauf. Wichtig ist auch die frühzeitige Entscheidung, ob die Solarmodule flach am Balkongeländer angebracht werden sollen oder mit einer Neigung. In diesem Fall benötigen Sie möglicherweise zusätzliches Montagematerial zum Set. (Wie die Montage der Module abläuft, wird in Abschnitt 8.1 besprochen.)

Eine kleine Auswahl der aktuell erhältlichen Größen der Solarmodule:

- Flexible Module mit:
  - 945 × 350 × 0,2 cm und 60 Watt
  - 1.230 × 355 × 0,2 cm und 80 Watt
  - 1.050 × 520 × 0,2 cm und 100 Watt
  - 1.225 × 670 × 0,2 cm und 160 Watt
  - 112 × 51 × 0,3 cm und 110 Watt
- Feste Module mit:
  - 145 × 95 × 3 cm und 300 Watt
  - 173 × 114 × 3 cm und 400 Watt
  - 116 × 77 × 3,5 cm und 175 Watt

Früher wurde, wenn von den Größen 1.755 × 1.038 mm (60 × M6-Zellen) und 1.722 × 1.134 mm (54 × M19-Zellen) die Rede war, immer von »Standardmodulen« gesprochen. Allerdings gibt es mittlerweile viel mehr Größen bei den Solarmodulen. Ich denke, die Produktionsmethoden sind mittlerweile so vielfältig geworden, dass diese alten Standardmodulgrößen keine wirkliche Rolle mehr spielen. Außerdem hat die Vielfalt ihre Vorteile: Falls eine spezielle Größe der Solarmodule bei Ihnen notwendig ist, stehen die Chancen gut, etwas Passendes zu finden. Allerdings müssen Sie dann einen dazu passenden Wechselrichter nutzen. Bei dessen Auswahl kann Ihnen der Hersteller der Solarmodule helfen oder aber engagierte Fachleute in den verschiedenen Solarinitiativen und -vereinen. Wie Sie diese Menschen finden können, habe ich in Abschnitt 6.4, »Vom Discounter bis zu Genossenschaften«, beschrieben.

Manchmal gibt es auch Angebote zu Balkonkraftwerk-Sets, in denen Module halber Größe enthalten sind. Diese sind in der Regel preislich nicht so attraktiv wie die Module voller Größe, aber sie sind möglicherweise besser anzubringen und auch besser zu transportieren. Das kann ein ausschlaggebender Faktor sein, je nachdem, wie die Begebenheiten bei Ihnen sind.

Kommen wir noch einmal kurz zu den verschiedenen Typen von Solarmodulen, die sich im Aussehen deutlich unterscheiden:

- Polykristalline Solarzellen (rechts in Abbildung 6.1) haben einen Gitter-Look und sind bläulich.
- Monokristalline Solarzellen (links in Abbildung 6.1) sind einheitlicher in der Oberfläche, werden zum Teil auch als *Full Black Solar Panel* bezeichnet und sind fast schwarz.

Abbildung 6.1 Die verschiedenen Solarmodultypen

Beide Typen haben ihre Stärken und Schwächen, keine von beiden ist per se besser oder schlechter als die andere. Polykristalline Solarmodule sind etwas günstiger und nicht ganz so effizient wie monokristalline Solarzellen. Allerdings haben sie eine höhere Lebensdauer, ihre Degradation ist etwas geringer.

Monokristalline Solarzellen sind mit bis zu 22 % Effizienz die leistungsstärksten Solarzellen am Markt, während polykristalline Solarzellen nur zwischen 12 und 20 % der Sonnenstrahlen in Energie umwandeln.

Mit *Degradation* ist der Leistungsverlust der Solarzellen über die Zeit gemeint. Ein neues Solarmodul kann mehr Sonnenlicht in elektrische Energie umwandeln als ein altes Solarmodul. Wie hoch die Degradation eines Solarmodul ist, kann in dem Datenblatt des Herstellers nachgelesen werden. In der Regel lässt ein heutiges modernes Solarmodul etwa 0,6 % pro Jahr in seiner Leistung nach, wie Abbildung 6.2 darstellt.

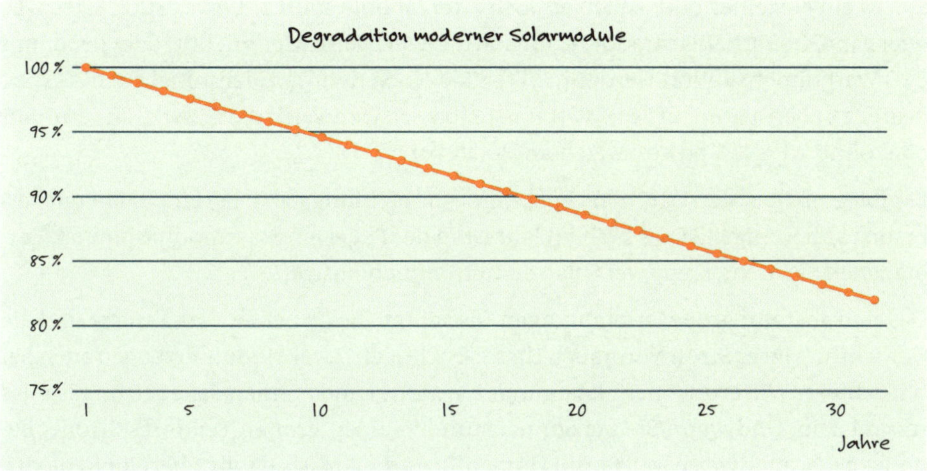

Abbildung 6.2 Beispiel der Degradation von Solarzellen

Wirkungsgrad, Nennleistung und Spitzenleistung

Solarmodule erreichen außerhalb des Labors selten ihre theoretisch maximale Leistung, weil die Sonne nicht immer perfekt auf das Solarmodul scheint, das Solarmodul und die Luft sich in der Sonne aufheizen und noch eine ganze Reihe weiterer Dinge dabei mitspielen. Aus diesem Grund geben Hersteller in ihren Datenblättern oft auch die Nennleistung ihrer Solarmodule an. Wenn Sie es genau wissen wollen, können Sie so erfahren, wie gut die von Ihnen ins Auge gefassten Solarmodule beispielsweise bei einem bewölkten Himmel funktionieren.

Was ist mit 500-Watt-Solarmodulen?

Oft wird die Frage gestellt, ob Solarmodule mit 500 Watt für ein Balkonkraftwerk geeignet wären. Die Antwort darauf lässt sich schnell geben:

Nein – einfach weil solche Module mehr als zwei Quadratmeter Fläche haben und deren Anbringung eine bauaufsichtliche Zulassung benötigt. Außerdem sind diese Solarmodule sehr teuer, werden nur an gewerbliche Kunden verkauft, und der Kauf würde sich nie amortisieren.

Alle Solarmodule unter zwei Quadratmetern, wie sie in den Balkonkraftwerk-Sets enthalten sind, haben eine pauschale Montagezulassung.

Es gibt viele Fragen, die einem im Kopf herumschwirren, wenn es um den Kauf des ersten Balkonkraftwerks geht und man dabei noch nicht auf Erfahrung mit PV-Anlagen zurückgreifen kann – beispielsweise zu Leistung und Anzahl der Solarmodule:

Soll es ein einzelnes oder sollen es doch zwei Module sein? Sollen es 300-, 350-, 370- oder gar 420-Watt-Solarmodule sein? Soll der Wechselrichter mit 600 oder lieber mit 800 Watt dimensioniert werden? Sollten Sie einen nehmen, der initial auf 600 Watt begrenzt, aber später auf 800 Watt umstellbar ist, wenn sich die Gesetze ändern? Mit oder ohne WLAN? Und von welchem Hersteller?

Es gibt, grob über den Daumen gepeilt, eine Empfehlung dazu: Bei einem Energieverbrauch von weniger 2.000 kWh im Jahr ist in der Regel ein Solarmodul sinnvoll. Verbrauchen Sie mehr, sind zwei Solarmodule empfehlenswert.

Das sind aber nur grobe Empfehlungen. Sie sollten die örtlichen Verhältnisse und die Gewichtung Ihres Stromverbrauchs berücksichtigen. Zwei Module erzeugen auch bei schlechterer Witterung mehr Energie als ein Modul und können daher ebenfalls interessant sein. Und wenn Sie bei Sonnenstunden einen großen Teil Ihres Stroms benötigen, beispielsweise weil Sie im Homeoffice arbeiten, sind selbst bei einem niedrigen Jahresenergieverbrauch zwei Solarmodule eine Überlegung wert.

Vielleicht klingt alles etwas kompliziert und erst einmal schwer zu durchschauen, aber jedes Balkonkraftwerk ist besser als gar kein Balkonkraftwerk. Jedes Balkonkraftwerk hilft Ihnen, Ihre Stromrechnung zu reduzieren.

Ob sich ein Balkonkraftwerk für Sie lohnt, lässt sich schnell auf das Wesentliche herunterbrechen: Je kostengünstiger das Balkonkraftwerk ist, desto schneller wird es sich amortisieren, denn die Anschaffungskosten wiegen häufig stärker als die Unterschiede in der Stromerzeugung zwischen den verschiedenen Modellen. In der Realität wird der Unterschied in der erzeugten Energie zwischen einem leistungsfähigeren und einem weniger leistungsfähigen Balkonkraftwerk deutlich geringer ausfallen als theoretisch berechnet. Faktoren wie der Montageort, der Aufstellwinkel, Schatten, Temperatur und andere lokale Gegebenheiten haben oft einen größeren Einfluss, als man denkt, und führen stets zu Abweichungen von den theoretischen Werten.

Ein Balkonkraftwerk selbst zusammenstellen?

Wenn Sie ein Balkonkraftwerk selbst zusammenstellen möchten, müssen Sie auf den *Betriebsspannungsbereich*, die *Startspannung* und das *MPP-Tracking* achten, kurz gesagt: Wechselrichter und Solarmodule müssen zueinander passen. Zu entscheiden, wie Wechselrichter und Solarmodule füreinander dimensioniert und ausgelegt werden müssen, ist ein Job für Solarfachleute mit einer Menge Erfahrung.

Wenn Sie sich in diesem Buch über Ihr erstes Balkonkraftwerk informieren möchten, empfehle ich Ihnen, sich ein fertig zusammengestelltes Set zu kaufen.

Zusammenfassend lässt sich sagen: Entscheiden Sie sich für das Balkonkraftwerk, das preislich am besten zu Ihnen passt. Ein 800-Watt-Set aus dem Baumarkt für 960 €

wird sich definitiv nicht so schnell amortisieren wie ein 600-Watt-Set für 460 € von einem spezialisierten Anbieter.

Ob Ihr 800-Watt-Set an einem sonnigen Tag 25 Cent mehr Strom erzeugt als das 600-Watt-Set, ist in der Gesamtbetrachtung eher nebensächlich. Schauen Sie sich die aktuellen Set-Angebote an, berechnen Sie, ab wann sich die Anschaffung bezahlt macht, und wählen Sie das Balkonkraftwerk-Set aus, das Ihnen intuitiv das beste Gefühl gibt. Das ist dann sicherlich die richtige Wahl.

Fitness-Check für Ihre Hauselektrik?

Wünschen Sie dennoch einen Vorabcheck, bitten Sie Ihren Elektriker, die Hauselektrik nach der *DIN VDE 0298-4* zu überprüfen.

Die Arbeitsgruppe *PV-Plug* der *Deutschen Gesellschaft für Solarenergie* (DGS) hat gemeinsam mit dem *PI Photovoltaik-Institut Berlin AG* in einer Untersuchung herausgearbeitet, dass bis zu einer Anlagenleistung des Wechselrichters von maximal 600 Watt (zwei große Solarmodule) keinerlei Gefahren für die vorhandene Hauselektrik bestehen und auf eine Überprüfung verzichtet werden kann.

Wenn Sie also nicht in einem sehr alten Haus mit einer Elektrik aus den 1950er-Jahren wohnen, haben Sie keine Probleme.

6.2 Wirtschaftlichkeit: Wann amortisiert sich ein Kauf?

Ein Balkonkraftwerk soll sich rechnen. Die Investition in die Anschaffung und den Aufbau möchte man so schnell wie möglich mit einer niedrigeren Stromrechnung ausgleichen. Durch das eingesparte Geld amortisiert sich also das Balkonkraftwerk nach einiger Zeit. Wie lange das dauert, hängt von verschiedenen Faktoren ab:

- der Höhe der Anschaffungskosten,
- der Höhe der Installationskosten,
- den Einsparungen bei der Stromrechnung sowie
- der Lebensdauer des Balkonkraftwerks.

Bei großen PV-Anlagen kommt noch eine Vergütung als Faktor hinzu. Diese fällt hier allerdings weg, denn der von einem Balkonkraftwerk erzeugte Strom wird direkt im eigenen Haushalt verbraucht. Die maximal 600 Watt der Solarmodule reichen in der Regel nur für einen Teil der eigenen Verbraucher. Sollten Sie einmal mit Ihrem Balkonkraftwerk mehr erzeugen, als Sie verbrauchen, fließt dieser Strom ins Netz. Da die Stromzähler allerdings eine Rücklaufsicherung haben, wird in dem Fall nichts angerechnet oder negativ gezählt, das bedeutet, Sie verschenken nicht genutzte Energie.

Hat mein Balkonkraftwerk steuerliche Auswirkungen?

Nein, Sie erhalten keine Einspeisevergütung für den kleinen Teil Strom, den Sie in das Stromnetz abgeben. Aus Sicht der Finanzämter haben Sie keine steuerpflichtigen Einnahmen durch ein Balkonkraftwerk, und so brauchen Sie die Anlage bei Ihrer Steuererklärung nicht zu berücksichtigen.

Die Lebensdauer der einzelnen Teile

Die Lebensdauer der Solarmodule liegt heutzutage bei 20 bis 30 Jahren. Solarmodule werden mit der Zeit immer ein klein wenig schlechter beim Umwandeln von Sonnenlicht in elektrische Energie. Bei modernen Solarmodulen liegt die Rate bei 0,6 % pro Jahr (siehe Abbildung 6.2).

Auch für die anderen Komponenten eines Balkonkraftwerks gilt diese Lebensdauer. Für einen Wechselrichter wird eine Lebensdauer von 10 bis 15 Jahren veranschlagt. Wenn Sie ihn geschützt aufhängen, sodass er nicht von der Sonne beschienen werden kann, und wenn er frei hängt, sodass die Belüftung des Gehäuses ungehindert erfolgen kann, wird er länger halten als ein Gerät, das Regen und Sonne ausgesetzt ist und überhitzt. Vermutlich werden Sie also irgendwann einmal den Wechselrichter austauschen, während die Solarmodule noch wunderbar funktionieren.

Mehr ist an einem Balkonkraftwerk nicht dran. Die Stecker und Kabel halten quasi ewig, wenn sie keinen mechanischen Beanspruchungen ausgesetzt sind.

Die Lebensdauer von Batteriespeichern

Es gibt Balkonkraftwerkmodelle, die mit einem Batteriespeicher verkauft werden, sogenannten Power Packs – darauf komme ich in Abschnitt 10.2, »Ein Balkonkraftwerk mit Power Pack« nochmal zu sprechen. Solche Geräte sollen bei einem Stromausfall eine Notstromversorgung bereitstellen oder für den gelegentlichen Einsatz beim Campen genutzt werden können. Es gibt viele Modelle und Varianten in verschiedenen Leistungs- und Preisklassen. Darauf werde ich nicht eingehen. Was ich allerdings ansprechen möchte, ist die Lebensdauer der Batterien in solchen Geräten.

Wir wissen mittlerweile von Elektroautos, die seit zehn Jahren und mehr genutzt werden und die heute noch wunderbar funktionieren, dass Batterien lange halten können. Aber es kommt sehr auf die Batterietechnologie und das Batteriemanagementsystem an, das die Batterien lädt und pflegt. Man kann daher nicht pauschal sagen, dass Batterien nicht lange halten.

Allerdings ist diese pflegliche Behandlung bei Batterien in Power Packs nicht immer gegeben. Es gibt keine aktive Kühlung der Batteriezellen beim Laden und Entladen, und deshalb können die einzelnen Zellen in solchen Geräten zu warm werden und relativ schnell degenerieren.

Denken Sie einmal an Ihre letzten Smartphones und Laptops. Wie lange hatte der Akku darin gehalten? Ab wann war der Akku immer sehr schnell leer?

Wenn Sie sich solch einen Power Pack kaufen, ist es ähnlich. Rechnen Sie mit einer Lebensdauer von lediglich ein paar Jahren, in der er die volle Kapazität bereitstellen kann. Danach hält er nicht mehr so lange durch. Besonders wenn ein Power Pack kaum genutzt wird, verliert er schnell seine Kapazität.

Um die Akkus in solchen Geräten zu schonen, sollten Sie sie bei längerer Nichtbenutzung nur zum Teil aufladen. Lithium-Ionen-Batterien mögen es am liebsten, wenn sie bei längerer Lagerung nur mit 20 bis 40 % geladener Kapazität auf ihren nächsten Einsatz warten.

Falls Sie solch einen Power Pack auch für den Notfall mit voller Leistung bereitstehen haben möchten, ist dies allerdings kontraproduktiv. Eine Vollladung und Nichtbenutzung danach schadet die Akkus darin und lässt sie schnell altern. Dadurch verlieren sie schneller ihre Kapazität, und die Lebensdauer sinkt deutlich.

Anschaffungskosten

Die Anschaffungskosten für ein Balkonkraftwerk sind von Nutzer zu Nutzer unterschiedlich hoch, denn die Gegebenheiten Ihres Balkons und daher die dafür nötigen Halterungen sind unterschiedlich. Das Balkonkraftwerk-Set an sich ist mittlerweile zu recht attraktiven Preisen zu bekommen, die Investition macht sich schnell wieder bezahlt. Schauen Sie sich dazu auch die Beispielrechnung aus Tabelle 6.1 an.

Die Montage kann in der Regel von Ihnen selbst erfolgen, aber falls Sie eine neue Steckdose benötigen, treiben die Kosten für den Elektriker die gesamten Investitionskosten wieder in die Höhe.

Versuchen Sie also, die gesamten Kosten des Balkonkraftwerks vorher abzuschätzen – inklusive aller Halterungen, Schrauben, Kabelbinder und was sonst noch nötig ist.

Das teurere oder günstigere Modell?

Eine gute Frage. Rein rechnerisch amortisiert sich ein günstigeres Balkonkraftwerk etwas schneller als ein teureres Modell – auch wenn dieses etwas mehr Strom erzeugen kann. Es kommt aber auf Ihren Stromverbrauch und Ihr Nutzungsprofil an. Die Begebenheiten Ihres Balkons, die Sonnenscheindauer an Ihrem Standort, die Ausrichtung der Module und viele andere kleinere und größere Faktoren spielen eine große Rolle. Wenig ins Gewicht fällt, ob Ihr Balkonkraftwerk Solarmodule verwendet, die 20 oder 40 Watt mehr oder weniger Leistung mitbringen. Der rechnerische Unterschied beim Ertrag spiegelt sich nicht eins zu eins in der Realität wider, insbesondere wenn Sie in Norddeutschland leben (siehe Abbildung 7.1 und die Beispielrechnung im Kasten »Wie wird die Einstrahlungskarte genutzt?«).

Entscheidender sind Dinge wie die Größe der Solarmodule (»Passen die Module an das Geländer?«), die mitgelieferten Teile (»Alle Kabel und Halterungen dabei?«) und wie effizient der Wechselrichter ist (»Mit Netzwerkzugang und App?«).

Außerdem ist es wichtig, ob wirklich der gesamte erzeugte Strom selbst genutzt werden kann oder ob ein Teil unverbraucht ins Netz abgegeben und verschenkt wird. Das ist trotzdem gut für die Umwelt, aber verlängert den Zeitraum, bis sich Ihre Investition amortisiert.

Was bringen Ihnen also sehr leistungsfähige Solarmodule, wenn Sie das Mehr an erzeugtem Strom verschenken? Wenn Sie sehr streng kalkulieren, sollten Sie auch das berücksichtigen. Und bevor Sie nicht ein Balkonkraftwerk bei Ihnen zu Hause laufen haben, können Sie gar nicht sämtliche Faktoren vorhersehen. Erst nachdem das Balkonkraftwerk einmal ein Jahr gelaufen ist, haben Sie eine ungefähre Vorstellung von der Energiemenge, die es erzeugt.

Beispielrechnung: Nach einem oder zwei Jahren haben Sie Ihr Geld zurück

Einige Kilometer von mir entfernt hat jemand schon seit zwei Jahren ein Balkonkraftwerk auf seiner Garage stehen. Das sind die Daten seines Balkonkraftwerks:

- Ausrichtung nach Süden.
- Die Solarmodule haben eine Neigung von 30°.
- Jedes Solarmodul hat eine Leistung von 360 Watt, beide zusammen 720 $\text{Watt}_{\text{Peak}}$.
- Genutzt wird ein 600-Watt-Wechselrichter.
- In einem Jahr wurde eine Energiemenge von rund 750 kWh erzeugt.
- Über das Jahr hinweg wurden etwa 10 % des selbst erzeugten Stroms ungenutzt ins Netz abgegeben.

Bei einem durchschnittlichen Strompreis von 34 Cent und abzüglich der 10 % ergibt dies etwa 230 €, um die die Stromrechnung gesenkt werden konnte.

In der Anschaffung kostet solch ein Balkonkraftwerk circa 470 € bei einer Genossenschaft oder Firma, die sich auf solche Pakete spezialisiert hat. (Balkonkraftwerke vom Baumarkt oder Discounter sind in der Regel teurer.)

	300 Watt	600 Watt
Kosten Anschaffung	240 €	470 €
Kosten 1 kWh Strom	0,34 €	0,34 €
Ungenutzter Strom	5 %	10 %
Erzeugte Energie in einem Jahr	375 kWh	750 kWh
Eingesparte Stromkosten pro Jahr	121,13 €	229,50 €
Amortisierungsdauer in Jahren	1,98	2,04

Tabelle 6.1 Berechnung der Amortisierungsdauer für ein großes und ein kleines Balkonkraftwerk

In diesem Fall dauert es also etwas über zwei Jahre, bis das investierte Geld durch die niedrigere Stromrechnung eingespart ist. Während der folgenden Lebensdauer von über 20 Jahren wird Ihr Balkonkraftwerk Ihnen also jeden Monat ein Plus von etwa 20 € erwirtschaften.

Was ist, wenn Sie eine Strom-Flatrate haben?

Bei einem Flatrate-Tarif verkauft einem der Energieanbieter ein Verbrauchspaket für den Strom. Meist sind darin noch weitere Leistungen enthalten, beispielsweise ein Internet- und ein Telefonanschluss.

Wenn Sie beispielsweise einen jährlichen Stromverbrauch von etwa 3.000 kWh haben, könnte einer der mittleren Flatrate-Tarife der Energieversorger zu Ihnen passen. Bei der Entega würden Sie beispielsweise monatlich etwa 135 € für diesen Tarif zahlen. Egal, ob Ihr Verbrauch darüber oder darunter liegt, Ihre monatliche Rechnung bleibt unverändert.

Was ist der Vorteil solch einer Flatrate? Im Paket ist alles etwas günstiger als einzeln. Und während des Beginns des Ukraine-Kriegs waren wir als Nutzer eines Flatrate-Tarifs nicht im gleichen Maß von den Preissteigerungen für die Energie betroffen wie andere Stromkunden. Unser Tarif wurde erst nach einem Dreivierteljahr angehoben – betroffen von den Teuerungen waren wir also auch –, aber die Erhöhung war moderat, da sich der Markt bis dahin schon wieder etwas beruhigt hatte.

Was ist der Nachteil? Nun, bei einem Balkonkraftwerk sollten die Einsparungen beim Strom Ihren Verbrauch so weit absenken, dass Sie in den nächstniedrigeren Tarif herunterwechseln können, ansonsten können Sie nichts einsparen.

Die Erzeugung von CO_2 würden Sie aber so oder so senken.

6.3 Wirtschaftlichkeit? – Mir egal!

Im letzten Abschnitt habe ich über die Amortisierung gesprochen, und wir haben gemeinsam überlegt, was Ihnen ein Balkonkraftwerk finanziell bringen kann. Ein wichtiges Thema, oder? *Es muss sich ja lohnen, nicht*? Ich habe in diesem Buch schon viel gerechnet, um zu überzeugen.

Erst einmal alles auf Heller und Pfennig zu berechnen und darauf basierend seine Entscheidung zu treffen, wird oft als eine *rationale Entscheidung* bezeichnet.

Aber ist es das wirklich? Wäre eine rationale Entscheidung nicht eher, sich den Zustand der Welt anzuschauen und darüber nachzudenken, was man selbst beitragen kann, um die Probleme zu minimieren, denen wir täglich begegnen? Es ist nicht irrational, wenn man sich fragt, was man tun kann, ohne dass man gleich an die eigenen Vorteile oder gar den Geldbeutel denkt.

Ich nenne Ihnen mal ein paar Punkte, die für ein Balkonkraftwerk sprechen und die nichts mit Geld zu tun haben:

- Das Gefühl von Stolz, etwas zur Energiewende beizutragen.
- Ein »Ich kann was tun« im Anblick des Klimawandels.
- Ein gutes Gefühl, selbst etwas bewirken zu können und nicht alles der Politiküberlassen.
- Ein Zeichen setzen.
- Selbstwirksamkeit.

Sprechen Sie mit Menschen, die sich gerade ein Balkonkraftwerk oder eine PV-Anlage zugelegt haben, dann sprechen Sie mit Menschen, deren Augen leuchten. Sie sind begeistert. Sie stecken an mit ihrer positiven Energie, und es macht Spaß, daran teilhaben zu können. Man kann sich mit ihnen freuen.

Wenn Sie nun die Wahl hätten, selbst solch eine Begeisterung zu empfinden und diese auch an andere Menschen weitergeben zu können, würden Sie diesen Weg gehen? Würde es Ihr Leben bereichern? Wäre es das nicht wert?

Sofern auch nur ein einziger der oben genannten Punkte Sie angesprochen hat, dann empfehle ich Ihnen wirklich, sich ein Balkonkraftwerk zuzulegen.

Machen Sie es. Und dann senden Sie mir einem E-Mail und erzählen mir von Ihrem Balkonkraftwerk. Ich möchte davon hören. Sie erreichen mich unter *schreibstube@rippel.info*, oder wenden Sie sich einfach an den Verlag, indem Sie eine E-Mail an *christoph.meister@rheinwerk-verlag.de* senden.

Wie viel CO_2 spart ein Balkonkraftwerk ein?

Wenn in Deutschland von den Versorgern Energie erzeugt wird, ist dies stets ein Mix aus verschiedenen Kraftwerken. Dabei wird pro erzeugte Kilowattstunde (kWh) etwa 420 Gramm an Kohlendioxid in die Atmosphäre ausgestoßen.

Erzeugt Ihr Balkonkraftwerk im Jahr 750 kWh elektrische Energie, dann ergibt dies eine CO_2-Einsparung von ungefähr 315 Kilogramm. Das entspricht ungefähr dem CO_2-Ausstoß eines Flugs nach Mallorca.

6.4 Vom Discounter bis zu Genossenschaften

Wo bekommt man nun das günstigste Balkonkraftwerk?

Vereine und Initiativen

Als Erstes sollten Sie nach einer Solarinitiative Ausschau halten. Das sind Vereine, die aus einer Gruppe von engagierten Menschen besteht, die die Nutzung von Solarenergie fördern möchten. Solche Vereine organisieren oft mehrmals im Jahr Gruppenbestellungen, um Balkonkraftwerke zu einem günstigeren Preis anzubieten als bei einem Einzelkauf.

Da solche Vereine über einen großen Erfahrungsschatz verfügen, können sie Balkonkraftwerk-Sets zusammenstellen, bei denen alles berücksichtigt ist, was ein gutes Balkonkraftwerk ausmacht. Sie machen sich Gedanken über die besten Solarmodule, die beispielsweise auch bei einer Teilabschattung oder diffusem Licht gut funktionieren, sie kennen die Wechselrichter, die effizient laufen und keine Probleme machen ... kurz gesagt: Sie kennen sich aus und ziehen Ihnen nicht Ihr Geld aus der Tasche.

Wenn Sie solch eine Initiative in Ihrer Umgebung finden, sollte das Ihr erster Anlaufpunkt für ein Balkonkraftwerk sein. Selbst wenn dort gerade kein Einkauf organisiert wird, können Ihnen diese Menschen hilfreiche Tipps und auch die richtigen Komponenten nennen, die Sinn ergeben.

Beispiele dafür sind *www.ermi-solar.de* und *www.solarinitiativen.de*.

Mit einer Suchmaschine Ihrer Wahl und den Begriffen »Solar Initiativen Gemeinschaft« sollten Sie weitere hilfreiche Treffer erzielen können.

Gemeinschaften und Genossenschaften

Die nächste Anlaufstelle sind Vereine, die sich zur Förderung des Umwelt- und Klimaschutzes zusammengefunden haben. Solche Vereine betreiben oft Solaranlagen und bauen PV-Anlagen auf Hausdächern. Vielleicht gibt es solch eine Gemeinschaft in Ihrer Nähe, ein Beispiel ist die Roßdorfer Energie-Gemeinschaft e. V.

Auch diese Gemeinschaften finden Sie mit einer Suchmaschine und den Schlagwörtern »Solar Arbeitsgemeinschaft Initiative«.

Firmen, Baumärkte und Discounter

Es gibt Firmen, die sich auf gute Balkonkraftwerkangebote spezialisiert haben. Beispielsweise unter *www.oekostromhelden.de*, unter *www.1a-innovation.de* oder unter *voltdawatt.de* können Sie solche Angebote sehen. Auch weitere Firmen haben immer mal wieder preislich gute Angebote. Mit einer Recherche im Internet sollten Sie in der Lage sein, in Ihrer Nähe solch eine Firma zu finden.

Zu guter Letzt bleiben noch die Baumärkte und Discounter. Oft hat man im Briefkasten entsprechende Werbung, die einem ein einmaliges Angebot versprechen. Findet man beim Discounter ein günstiges Angebot? Das müssen Sie entscheiden. In diesem Buch habe ich Ihnen dazu sicher genug vorgerechnet und Beispiele gegeben, sodass Sie nun in der Lage sind, sich selbst ein Urteil zu bilden.

Oft steht und fällt die ganze Rechnung auch damit, ob man das Balkonkraftwerk selbst abholen und transportieren kann. Versandkosten sind bei Solarmodulen teuer, und so kann es für die Gesamtkalkulation besser sein, die kleinere Solarmodule zu kaufen, die auf den ersten Blick teurer sind als die großen Module. Aber wenn man ein Halbmodul mit 175 Watt und 1,16 × 0,77 Metern ins Auto bekommt, aber ein Modul mit 360 Watt und 1,77 × 1,05 Metern jedoch nicht ...

Kein Balkon vorhanden, aber sonnige Fenster?

Wenn Sie keinen Balkon haben und Sie auch sonst keinen Platz für die Solarmodule finden, könnte ein Fensterkraftwerk genau Ihr Ding sein! Mit den schmalen Solarpanels, passend für verschiedene Fensterbreiten, und den mitgelieferten Halterungen hängen Sie den Aufbau ruckzuck an Ihr Fensterbrett oder die Laibung. Die Verkablung ist einfach und liegt dem Set bei.

Alle Informationen dazu finden Sie unter *https://www.fensterkraftwerk.de*.

Kapitel 7
Der richtige Platz

Verschiedene Aspekte haben Auswirkungen auf die Energiemenge, die mit einem Balkonkraftwerk erzeugt werden kann. Die Ausrichtung und der Winkel der Module sind entscheidend, zudem haben Faktoren wie Temperatur, Alter, Sauberkeit und Schattenwurf eine Auswirkung auf die Effizienz der Module. Der zu erwartenden Ertrag an verschiedenen Standorten kann mithilfe von speziellen Websites berechnet werden. Aber trotz möglicher Einschränkungen, die ein nicht perfekter Standort haben kann, sollte man sich über jedes bisschen Energie freuen, das ein Balkonkraftwerk erzeugen kann.

Wie viel Strom wird Ihr Balkonkraftwerk produzieren? Um dies abschätzen zu können, müssen Sie die Ausrichtung kennen, die Ihre Solarmodule haben werden. Die Sonne beschreibt bei ihrer Wanderung über den Himmel einen Bogen. Morgens, wenn sie im Osten aufgeht, steht sie flach am Horizont, zur Mittagszeit hat sie die höchste Position und steht im Süden, und wenn sie am Abend untergeht, steht sie im Westen niedrig am Himmel. Je nach Jahreszeit verändern sich die genauen Positionen der Sonne etwas, das ist unserer etwas geneigten Erdachse und der Bahn der Erde um die Sonne geschuldet. Einen weiteren Einfluss darauf, wie der Lauf der Sonne am Himmel exakt für Sie verläuft, ist Ihre Position auf der Erde – etwa ob Sie in Flensburg oder in Innsbruck wohnen.

Sie sehen also, dass die Sonne nicht immer optimal auf die Solarmodule scheinen kann. Je schräger und flacher die Sonnenstrahlen auf das Solarmodul treffen, desto weniger Energie kann es erzeugen. Optimal wäre es, wenn die Sonne immer genau senkrecht und gerade auf die Solarzellen scheinen würde. Da wir die Solarmodule bei einem Balkonkraftwerk aber in einer vorgegebenen Position am Geländer anbringen, müssen wir versuchen, wenigstens durch kleine Veränderungen bei der Montage Einfluss auf den Winkel und die Ausrichtung der Module zu nehmen.

Die Effizienz der Solarmodule wird noch von weiteren Faktoren wie Temperatur, Alter und Sauberkeit der Oberfläche beeinflusst. Je heißer die Module sind, desto schlechter funktionieren sie, je mehr Dreck auf dem Glas des Solarmoduls ist, desto weniger Sonne kommt an die Solarzellen darunter. Der richtige Platz für die Module sollte auch nicht durch den Schattenwurf eines Baums oder des Nachbargebäudes beeinträchtigt werden, damit die Solarmodule den ganzen Tag ungehindert die Sonne abbekommen können.

Was bedeuten Hitze und Kälte für eine Solarzelle?

Die Umgebungstemperatur hat einen erheblichen Einfluss auf die Leistung einer Solarzelle. Unter sehr heißen Bedingungen arbeiten Solarzellen weniger effizient. Der Grund dafür ist, dass bei hohen Temperaturen die Aktivität der Elektronen in den Solarzellen steigt, was zu einem erhöhten inneren Widerstand führt. Dieser zusätzliche Widerstand reduziert die Spannung, die die Solarzelle erzeugen kann, und somit die Menge an erzeugter Elektrizität.

Im Gegensatz dazu funktionieren Solarzellen bei kälteren Temperaturen besser. Die Elektronenaktivität nimmt bei niedrigeren Temperaturen ab, was zu einem geringeren inneren Widerstand führt. Das bedeutet, dass die Solarzelle eine höhere Spannung erzeugen kann, was letztendlich zu einer höheren Stromproduktion führt.

Ideal ist es also, wenn Sie Ihr Balkonkraftwerk an einem sonnigen, aber kalten Ort aufstellen, beispielsweise hoch in den Bergen. Da Sie Ihren Balkon jedoch nicht kurzerhand auf die Zugspitze verlegen können, bringt es wenig, sich viele Gedanken darüber machen. Wundern Sie sich einfach nicht, wenn Ihr Balkonkraftwerk an einem knackig kalten Frosttag mit blauem Himmel verhältnismäßig viel Strom produziert.

Es gibt Standorte, die statistisch gesehen mehr Sonne abbekommen als andere. Eine ungefähre Vorstellung davon, wie es für Ihren Wohnort aussieht, können Sie der Einstrahlungskarte des Deutschen Wetterdiensts entnehmen. Diese finden Sie unter *https://www.dwd.de/DE/leistungen/solarenergie/solarenergie.html*.

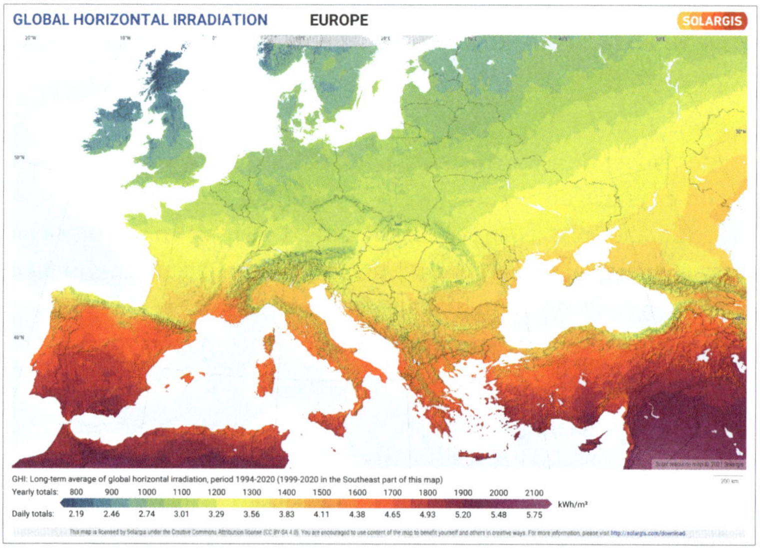

Abbildung 7.1 Einstrahlungskarte Europa

Für Europa wird der Unterschied bei der Einstrahlung der Sonne deutlich. Je näher Sie dem Äquator kommen, desto mehr Energie kann Ihnen Ihr Balkonkraftwerk erzeugen.

Wie wird die Einstrahlungskarte genutzt?

Sie können damit berechnen, wie viel elektrische Energie Sie maximal aus einem Solarmodul erwarten können. Diese berechnen Sie mit dem Wirkungsgrad und der Fläche des Solarmoduls.

Nehmen wir folgende Werte an:

- Das Solarmodul hat die Maße 1,77 × 1,05 Meter. Dies ergibt eine Fläche von 1,86 Quadratmetern.
- Die Sonneneinstrahlung beträgt in Nordeuropa etwa 800 kWh pro Quadratmeter im Jahr.

Rechnet man nun die jährliche Sonneneinstrahlung auf dieses Modul aus, kommt man auf 1.488 kWh im Jahr.

$$800\ \text{kWh/m}^2 \times 1{,}86\ \text{m}^2 = 1.488\ \text{kWh/Jahr}$$

Der Wirkungsgrad eines Solarmoduls betrag im besten Fall circa 20 %. Die theoretisch mögliche Energie, die dieses Solarmodul dann pro Jahr erzeugen könnte, beträgt 297,6 kWh im Jahr.

$$1.488\ \text{kWh/Jahr} \times 20\ \% = 297{,}6\ \text{kWh/Jahr}$$

Wie gesagt, das ist nur ein theoretischer Wert. Viele Faktoren spielen eine Rolle, die diesen Wert noch verringern, beispielsweise die Anzahl der Sonnentage, mögliche Abschattungen, die Ausrichtung und der Winkel der Solarmodule und vieles mehr.

Interessant ist aber auch diese Rechnung:

Die Solarmodule werden im Labor mit 1.000 Watt pro Quadratmeter Bestrahlungsstärke gemessen. Der dabei ermittelte Werte bezeichnet die $\text{Watt}_{\text{Peak}}$, die im Datenblatt eines Solarmodul angegeben sind. Alles bezieht sich somit auf 1.000 Watt Sonneneinstrahlung pro Quadratmeter.

Das Solarmodul hat eine Fläche von 1,86 Quadratmetern. Der Wirkungsgrad beträgt 20 %, und wenn Sie in Norddeutschland wohnen, treffen die Sonnenstrahlen nur mit maximal 800 Watt pro Quadratmeter auf die Erde. Ihr Solarmodul kann in diesem Fall, unter besten Bedingungen, dann lediglich maximal 297,6 Watt erzeugen.

$$800\ \text{Watt pro m}^2 \times 1{,}86\ \text{m}^2 \times 0{,}2\ (\text{Wirkungsgrad von } 20\ \%) = 297{,}6\ \text{Watt}$$

Das bedeutet im Umkehrschluss: Ein Solarmodul mit diesen Maßen, aber einer höheren Leistung in $\text{Watt}_{\text{Peak}}$, könnte an diesem Installationsort nicht mehr elektrische Energie erzeugen als ein wesentlich günstigeres Solarmodul mit der gleichen Fläche, aber einer niedrigeren Leistung in $\text{Watt}_{\text{Peak}}$.

Denken Sie die Sache nun noch mal in Bezug auf die im Markt erhältlichen Balkonkraftwerk-Sets durch. Sie werden zu dem Schluss kommen, dass viele leistungsfähigere – aber auch teurere Sets – manchmal keinen Sinn ergeben.

7.1 Die Ausrichtung und der Winkel

Die Ausrichtung der Solarmodule ist entscheidend für die zu erwartende Energiegewinnung Ihres Balkonkraftwerks. Ein Neigungswinkel zwischen 30° und 40° und eine Ausrichtung nach Süden ist das Optimum. Aber viele andere Richtungen und Winkel sind auch noch in Ordnung.

Bei Ihrem Balkonkraftwerk werden Sie die Module entweder senkrecht, also in einem 90°-Winkel, aufhängen oder etwas abständern, was dann in einem Winkel bis zu 45° resultieren kann.

Abbildung 7.2 Abgeständerte Solarmodule an einem Balkon

Um ungefähr vorhersagen zu können, mit welchem Ertrag Sie bei verschiedenen Ausrichtungen und Winkeln rechnen können, hilft Ihnen Tabelle 7.1. Sie ist für den Standort Bonn berechnet, und bietet einen ungefähren Mittelwert für den zu erwartenden Jahresertrag. Der Jahresertrag ist ein Mittelwert, der die unterschiedliche Höhe des Sonnenstands im Sommer und im Winter berücksichtigt.

Azimut/Neigung	0°	15°	30°	45°	60°	75°	90°
–105°	84 %	80 %	76 %	71 %	63 %	54 %	44 %
–90° (Ost)	84 %	83 %	81 %	77 %	71 %	62 %	51 %
–75°	84 %	86 %	86 %	84 %	78 %	69 %	58 %
–60°	84 %	88 %	91 %	89 %	84 %	75 %	63 %
–45° (Südost)	84 %	91 %	94 %	94 %	89 %	80 %	68 %
–30°	84 %	92 %	97 %	97 %	93 %	84 %	70 %
–15°	84 %	93 %	99 %	99 %	95 %	86 %	72 %
0° (Süd)	84 %	93 %	99 %	100 %	95 %	86 %	72 %
15°	84 %	93 %	98 %	99 %	94 %	85 %	71 %
30°	84 %	92 %	96 %	96 %	91 %	82 %	69 %
45° (Südwest)	84 %	91 %	93 %	92 %	87 %	78 %	66 %
60°	84 %	88 %	89 %	87 %	82 %	73 %	61 %
75°	84 %	86 %	85 %	81 %	76 %	67 %	56 %
90° (West)	84 %	83 %	80 %	76 %	69 %	60 %	50 %
105°	84 %	80 %	75 %	69 %	62 %	53 %	43 %

Tabelle 7.1 Zu erwartender Jahresertrag in Prozent von Solarzellen bei unterschiedlicher Ausrichtung und Neigung (0° = liegend, 90° = senkrecht)

Mit dem Kompass in Ihrem Smartphone oder mit Google Maps können Sie die Ausrichtung Ihres Balkongeländers feststellen und die entsprechende Zeile in der Tabelle finden.

Für ein Balkonkraftwerk, bei dem die Solarmodule am Geländer angebracht werden, sind die letzten beiden Spalten wichtig. Wenn Sie also einen Balkon in Südrichtung besitzen und die Module senkrecht an das Geländer hängen, können Sie etwa mit einem Ertrag von 72 % rechnen. Das wäre die optimale Ausrichtung. Verändern Sie den Winkel oder die Ausrichtung der Solarmodule, sinkt der Ertrag des Balkonkraftwerks. Ab einem gewissen Punkt wird der Ertrag so schlecht, dass es sich nicht mehr lohnt, ein Balkonkraftwerk aufzustellen – beispielsweise bei einer Ausrichtung, die schon sehr stark in Richtung Nordost oder Nordwest geht.

Was ist der Azimut?

Mit Azimut ist die Ausrichtung der Solarmodule abweichend von Süden gemeint. 0° bedeutet eine genau nach Süden gehende Ausrichtung der Module, bei 90° zeigen die Module nach Westen, und bei –90° zeigen sie nach Osten.

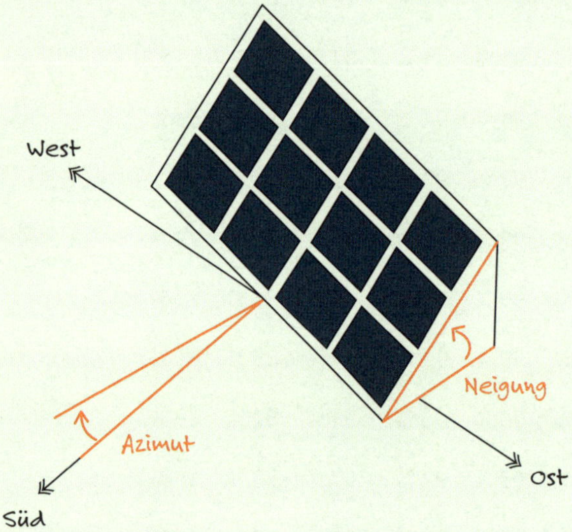

Abbildung 7.3 Azimut und Neigung eines Solarmoduls

Sie können Solarmodule auch über das Eck aufhängen, sodass Sie den Sonnenstand zu verschiedenen Tageszeiten jeweils mit einem gut dafür ausgerichteten Modul treffen. Damit verteilt sich auch die von Ihrem Balkonkraftwerk erzeugte Energie besser über den Tag und konzentriert sich nicht nur auf einen Zeitpunkt.

Übrigens, Sie haben es sich sicher schon gedacht: Bei einem Balkon, der nach Norden ausgerichtet ist, brauchen Sie keine Solarmodule aufzuhängen, die auch nach Norden zeigen. Falls aber die Sonne auf diesen Balkon scheint, können Sie immer noch einen Solartisch aufstellen. Der bringt Ihnen dann doch etwas Energie ein. Oder Sie hängen die Module rückwärts gerichtet von innen an das Balkongeländer, falls die Sonne bis dahin kommt, was wahrscheinlich nur bei großen Terrassen der Fall ist. Seien Sie ruhig etwas kreativ.

Auf der *PVGIS*-Website können Sie die exakten Werte für Ihren Standort berechnen lassen. Besuchen Sie dazu: *https://re.jrc.ec.europa.eu/pvg_tools/de/*

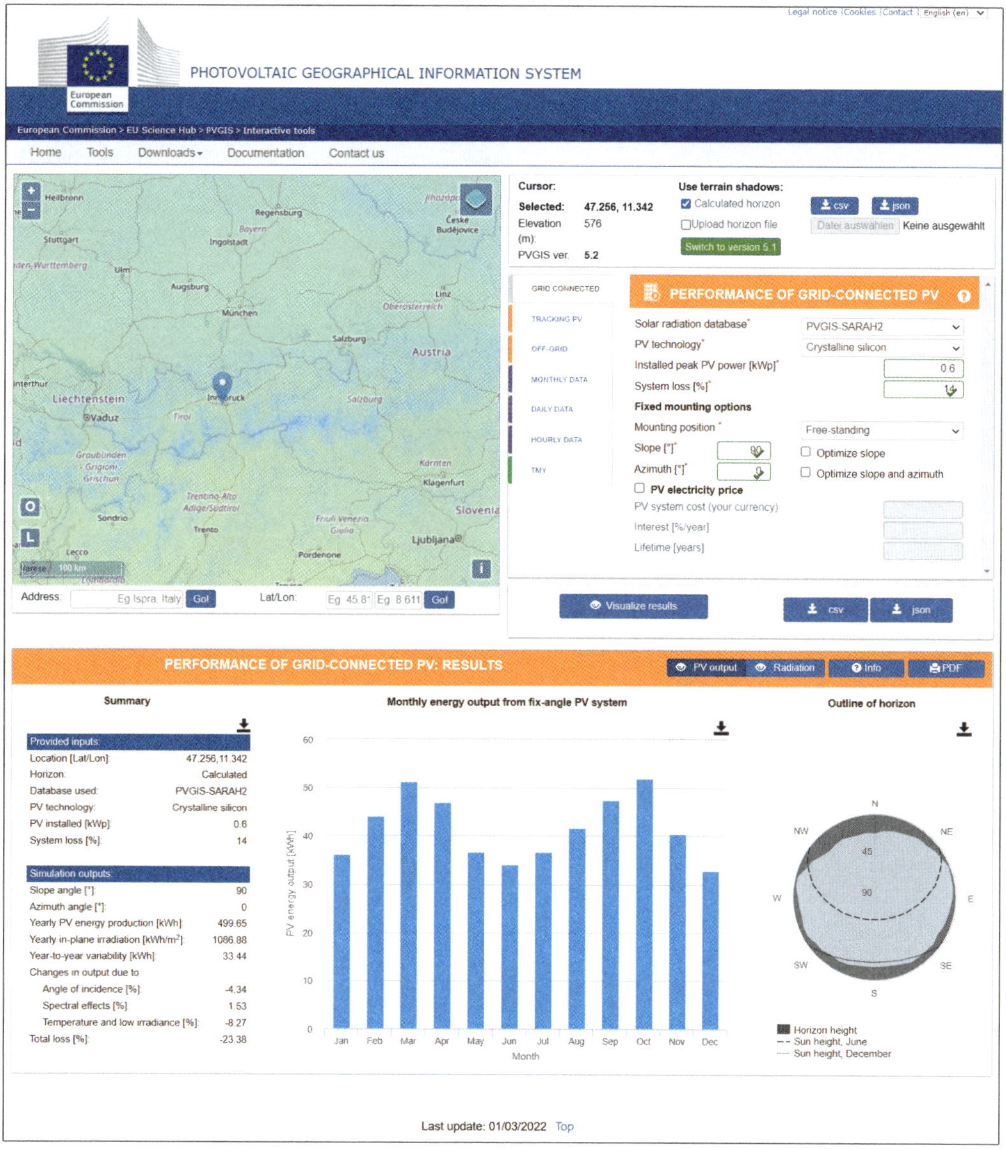

Abbildung 7.4 PVGIS-Website mit der Anzeige des jährlichen Ertrags

Falls Sie in Österreich wohnen, bietet Ihnen die *DORIS interMAP* die gleiche Möglichkeit, die für Ihren Wohnort zu erwartenden Sonnenstunden zu berechnen. Unter *https://www.doris.at/themen/umwelt/sonne.aspx* finden Sie eine Karte, die Ihnen verschiedene Umweltdaten anzeigen kann. Wählen Sie in der Kartenansicht unter Klima & Luft • Sonnenscheindauer - Strahlung den Punkt Globalstrahlung horizontale Fläche kWh/m2 aus.

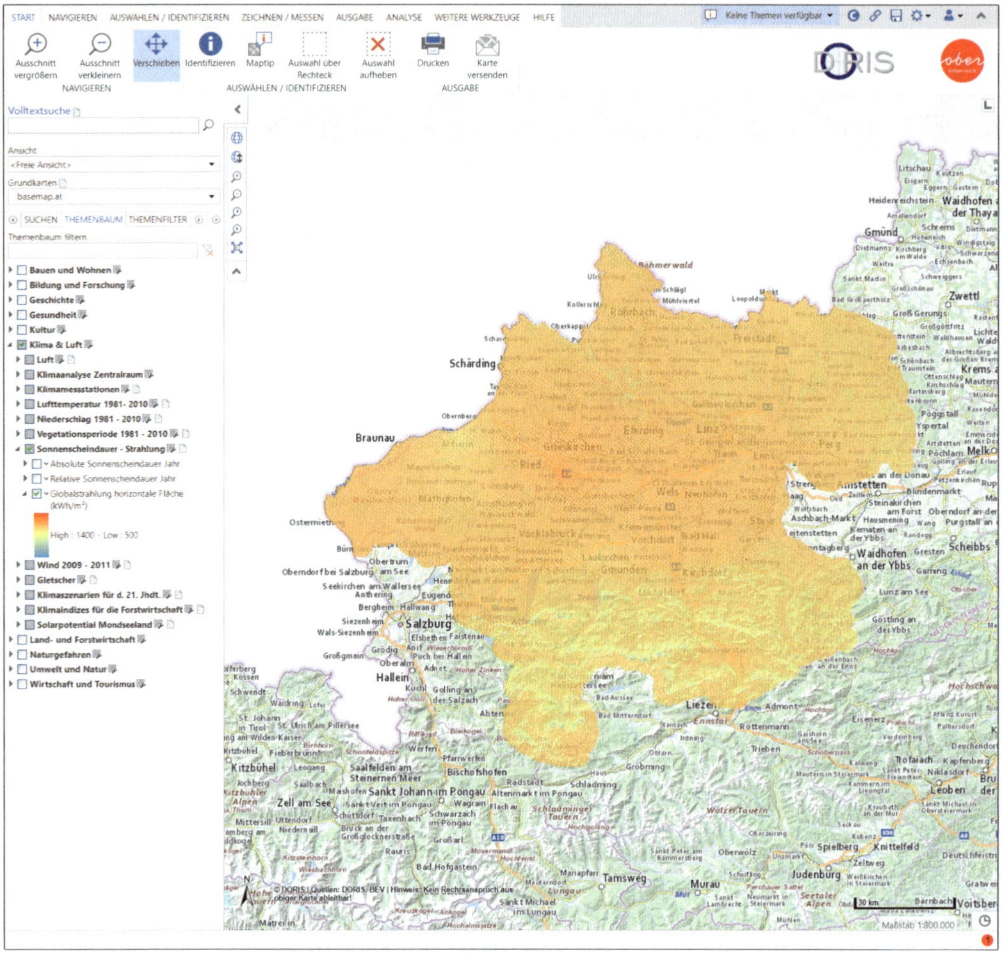

Abbildung 7.5 Sonnenscheindauer für einen Teil Österreichs

Wir haben nun schon über die Ausrichtung und den Winkel gesprochen und welche Auswirkungen auf die Energieerzeugung Ihres Balkonkraftwerks diese beiden Faktoren haben. Sie wissen jetzt, dass eine optimale Ausrichtung eine höhere Stromerzeugung zur Folge hat und dass die Solarmodule keinen Schatten abbekommen sollten, am besten auch nicht teilweise.

Ich weiß, dass die Realität bei Balkonkraftwerken oft etwas anders aussieht und dass zu irgendeinem Zeitpunkt dann doch mal ein Schatten auf ein Solarmodul fällt. Das ist kein Problem, man ist schließlich eingeschränkt in den Möglichkeiten, wie Sie Ihre Module aufhängen können. Niemand hat einen idealen Balkon.

Es gibt diverse Tipps und Ratschläge zur Ausrichtung der Module, zu der optimalen Position, den Aufbauvarianten und noch viel mehr. Aber unterm Strich helfen all diese Tipps in der Praxis kaum weiter, weil Sie durch die Installation der Solarmodule an Ihrem Balkon im Wesentlichen keine Wahl haben. Ihr Balkon mit Geländer ist nun mal so ausgerichtet, wie er ist, und die Gebäude in der Nachbarschaft können Sie auch nicht verschieben. Also ignorieren Sie diese ganzen Sachen einfach und freuen Sie sich über Ihr Balkonkraftwerk und die Energie, die es erzeugt – genau so, wie es ist.

Wenn Sie als Hausbesitzer die Wahl haben, wo das Balkonkraftwerk aufgestellt werden soll, beispielsweise wenn Sie es auf Ihr Garagendach stellen können, spielen alle obigen Faktoren wieder eine größere Rolle, und Sie können eine Optimierung der Ausrichtung und des Winkels vornehmen. Auf diesem Weg können Sie, wie bei den großen PV-Anlagen, den Energieertrag so weit wie möglich optimieren. Aber als Mieter sind Ihre Möglichkeiten oft deutlich eingeschränkter.

7.2 Das Problem mit den Schatten

Wir haben schon mehrmals über den Schatten geredet, der auf Solarzellen fallen kann und der vermieden werden sollte. Das ist ein wichtiges Thema, und wir gehen in diesem Abschnitt einmal genauer darauf ein.

Was passiert da genau? Sobald Schatten auf eine Solarzelle fällt, produziert diese nur noch einen Bruchteil des Stroms gegenüber dem, was sie produziert, wenn sie der prallen Sonne ausgesetzt ist. Ihr Solarmodul besteht aus einer großen Anzahl Solarzellen, die alle in mehreren Reihen parallel angeordnet und miteinander verschaltet sind. Wenn auch nur ein kleiner Teil dieser Solarzellen in Ihrem Solarmodul von einem Schattenwurf getroffen wird, bricht die Leistung des gesamten Solarmoduls ein. Dazu reicht der Ast eines Baums oder ein Kamin auf dem Nachbargebäude, dessen Schatten an ein paar Stunden des Tages eine Ecke des Solarmoduls trifft. Dies wird als das Verschattungsproblem bezeichnet.

Technisch ist es so, dass eine einzelne Solarzelle in Ihrem Modul – da sie eine Kette mit den anderen Solarzellen bildet – nicht nur keinen Strom mehr produziert, diese Zelle wird auch nicht mehr leitend und behindert so den Stromfluss der anderen Solarzellen.

Die Hersteller der Solarmodule haben sich schon einige Tricks einfallen lassen, beispielsweise Bypass-Dioden und die sogenannte Halbzellentechnologie, um solch eine Teilverschattung irgendwie abzufangen, sodass der Rest des Solarmoduls noch mit halbwegs akzeptabler Leistung weiterarbeitet. Aber am besten ist es, wie in Abbildung 7.6, jeglichen Schattenwurf auf den Solarmodule zu vermeiden.

Abbildung 7.6 Volle Sonne auf die Solarmodule

Bei Ihrem Balkon werden Sie nicht viele Möglichkeiten haben, die Position der Solarmodule so weit zu verschieben, dass Schattenwurf verhindert werden kann. Im Allgemeinen werden in solchen Balkonkraftwerk-Sets auch Module verwendet, die mit einer Teilabschattung gut zurechtkommen, aber das Problem lässt sich auch mit den besten Solarmodulen nicht beseitigen.

Deshalb kann ich Ihnen nur den Rat geben, den Schattenwurf nach Möglichkeit so weit wie möglich zu vermeiden. Dazu gehört auch, keine Badehandtücher mehr über das Balkongeländer zum Trocknen aufzuhängen, weil diese dann einen Teil der Solarmodule verdecken. Sollte die Fläche durch Bäume und Sträucher beschattet werden, sollten Sie diese nach Möglichkeit etwas zurückschneiden. Je mehr Sonne, desto besser.

Was macht mein Balkonkraftwerk nachts?

Nachts läuft das Balkonkraftwerk weiter, erzeugt aber keinen Strom, weil kein Sonnenlicht auf die Solarzellen fällt. Sie müssen nichts ab- oder umschalten, der Wechselrichter hat nur einen minimalen Verbrauch, wenn er nicht arbeitet. Sobald die Sonne aufgeht, startet die Stromproduktion wieder von allein.

Kapitel 8
Ein Balkonkraftwerk installieren

Für die Installation eines Balkonkraftwerks müssen Sie den besten Ort auswählen, der je nach Situation ein Balkon, eine Terrasse, ein Garten oder ein Carport sein kann. Es gibt verschiedene Montagearten und Steckertypen für den Anschluss Ihres Balkonkraftwerks. Ein WLAN-fähiger Wechselrichter ermöglicht die Erfassung der Energieerzeugungsdaten. Es ist auch möglich, die Daten mit in ein Smart-Home-Netzwerk zu integrieren, um den Stromverbrauch zu visualisieren. Datenschutz und Privatsphäre sollten bei der Nutzung von Apps zur Datenüberwachung allerdings beachtet werden.

Mit der Planung beginnt alles. Sie würden gern ein Balkonkraftwerk anbringen, überlegen aber noch, welcher Platz der am besten geeignete dafür wäre.

Es gibt viele Varianten, die möglich sind. Auch wenn Ihre Mini-PV-Anlage den Namen »Balkonkraftwerk« trägt, ist dies nicht der einzige Ort, an der es installiert werden darf.

Wenn Sie zur Miete wohnen, werden sich die Möglichkeiten auf einen Balkon oder eine Terrasse beschränken, wie Sie es beispielsweise in Abbildung 8.1 sehen.

Abbildung 8.1 Ein Balkonkraftwerk an einem Balkon mit Gittergeländer

Bei neueren Häusern findet man oft auch französische Balkone vor, diese eigenen sich auch für ein Balkonkraftwerk. Sie bieten zwar oft nicht genug Platz für die Montage mehrerer Solarmodule, aber mit einer flexiblen Fensterdurchführung können Sie den Wechselrichter hineinholen und eine Steckdose im Innenbereich zur Einspeisung nutzen.

Abbildung 8.2 Auch ein französischer Balkon ist für ein kleines Balkonkraftwerk geeignet.

Falls Sie einen Garten haben, können Sie die Solarmodule auch dort aufstellen. Eine Palettenkonstruktion wie in Abbildung 8.3 ist nicht besonders schön, aber sehr praktisch für die Nachführung der Module zur Sonne hin. Ein Tipp: Wenn Sie eine solche Konstruktion zusätzlich noch auf Rollen stellen, können Sie sie noch leichter der Sonne hinterherführen und stets passend ausrichten – ein bisschen Platz zum Rangieren vorausgesetzt.

Für Garagendächer und Carports gibt es Halterungen, die sich im Winkel einstellen lassen und eine Montage auf einem flachen Untergrund sehr einfach und schnell machen, wie die Grafik aus Abbildung 8.4 zeigt. Wenn Sie solch ein Gestell nicht verschrauben können, sollten Sie es mit Steinen beschweren, um die Konstruktion sturmsicher zu machen.

Es gibt viele Möglichkeiten, ein Balkonkraftwerk anzubringen. Natürlich lassen sich solche Module auch flach an der Hauswand anbringen, allerdings müssen Sie dann genau planen, wie die Kabeldurchführungen und die Anbringung des Wechselrichters gestaltet werden können.

Abbildung 8.3 Ein Balkonkraftwerk, aufgestellt im Garten

Abbildung 8.4 Ein Balkonkraftwerk kann auf so einem Gestell gut auf einem Garagendach oder Carport aufgestellt werden.

Wenn Ihnen das Haus selbst gehört und die Solarmodule nicht über öffentlichem Grund angebracht werden, gibt es kaum bauliche Bestimmungen, die Ihnen ein Problem bereiten sollten. Schwieriger ist es als Mieter oder in einer Eigentümergemeinschaft. In diesem Fall sollten Sie schon alleine um der guten Nachbarschaft willen den Dialog suchen und kurz besprechen, was Sie vorhaben. Bieten Sie doch Ihre Hilfe an, falls die Nachbaren auch auf den Geschmack gekommen sind und nun selbst ein Solarmodul aufbauen wollen.

Nachdem nun alle Vorbereitungen abgeschlossen sind, geht es an die Montage.

Was ist die 4-Meter-Regel?

Es gibt eine Regelung (jedoch nicht in jeder Bauordnung und jedem Bundesland), dass ein Glas-Solarmodul nicht in mehr als 4 Metern Höhe angebracht werden darf, wenn Personen darunter treten können. Falls dies der Fall ist, muss ein *Glas-Folien-Modul* verwendet werden, wenn mehr als 10° Neigungswinkel bei der Installation gegeben sind. Oder im Behördendeutsch: »Auch die DGS weist darauf hin, dass nur bis 4 m Einbauhöhe, wenn Personen nicht direkt unter die Verglasung treten können, Glas-Folien-Module eingesetzt werden können: Nicht heißgelagertes ESG ist nur zulässig, wenn deren Oberkante nicht mehr als 4 m über Verkehrsflächen liegt und Personen nicht direkt unter die Verglasung treten können. In allen anderen Fällen sollten Glas-Glas-Module mit AbZ oder Folienmodule eingesetzt werden.« (*https://www.dgs.de/news/en-detail/030317-versuch-der-verunsicherung-fragwuerdige-warnung-vor-stecker-solar-geraeten/*)

Aber es kann auch anders sein, beispielsweise in Berlin: »Laut § 62 der Bauordnung Berlin (BauOBln) sind Solaranlagen verfahrensfrei und damit nicht genehmigungspflichtig. Ausnahmen bestehen bei denkmalgeschützten Gebäuden und bei Hochhäusern. Als Hochhäuser gelten in Berlin Gebäude mit einer Höhe von mehr als 22 m. Diese Höhe wird nach der Fußbodenoberkante des höchstgelegenen Geschosses mit Aufenthaltsmöglichkeit bestimmt. Bezugshöhe am Boden ist die Geländeoberfläche im Mittel.«

Am besten erkundigen Sie sich vorsichtshalber bei Ihrem zuständigen Bauamt, wenn die Installation Ihrer Solarmodule über öffentlichem Grund stattfindet und Sie die 4 Meter in der Höhe erreichen. Alternativ verwenden Sie besser flexible Solarmodule, die mit Klettbändern am Geländer befestigt werden, wenn der Installationsort als *Überkopfverglasung einer Verkehrsfläche* ausgelegt werden könnte.

8.1 Die Montage der Module

Der große Tag ist gekommen, Sie möchten nun Ihr neues Balkonkraftwerk anbringen. Was ist vorher notwendig?

Räumen Sie zuerst alles Unnötige von Ihrem Balkon herunter. Um die großen Solarmodule anzubringen, brauchen Sie Platz. Sie werden mindestens zu zweit die Solarmodule anbringen müssen, und mit dem ganzen Werkzeug und Montagematerial wird der Platz schnell knapp.

Nachdem alles freigeräumt ist, führen Sie an dem Geländer, an dem Sie die Solarmodule befestigen wollen, noch mal eine gründliche Inspektion durch. Ist es fest, und wackelt da nichts? Ein Solarmodul wiegt schließlich bis zu 20 Kilogramm.

Messen Sie noch einmal mit einem Zollstock nach, ob alle Halterungen lang genug sind und um die Rohre passen. Legen Sie sich sämtliche Materialien, Leitungen, den Wechselrichter und die Solarmodule bereit. Dann prüfen Sie, ob Sie alles an Werkzeug haben, um jede Schraube und jede Mutter festziehen zu können.

Der Wechselrichter braucht seinen besonderen Platz. Meistens ist an den Solarmodulen oder an deren Halterungen ein Platz für seine Montage vorgesehen. Allerdings rate ich Ihnen davon ab, den Wechselrichter zu nah oder direkt an der Rückseite eines Solarmoduls anzubringen. Das Gehäuse des Wechselrichters kann viel Wärme abstrahlen, diese würde dann das Solarmodul an der Rückseite erhitzen. Das kann das Solarmodul über einen längeren Zeitraum hinweg beschädigen. Lassen Sie auf jeden Fall genug Luft dazwischen.

Ein Solarmodul kann hängend oder in einer Halterung angebracht werden. Bei der hängenden Montage werden Sie wahrscheinlich eine Halterung wie die in Abbildung 8.5 verwenden. Achten Sie darauf, dass diese Halterung auch über den Handlauf des Geländers passt und an der Unterseite mit einer Schraube gegen ein Herausrutschen gesichert werden kann.

Abbildung 8.5 Eine Halterung für die hängende Montage

Wenn das Solarmodul oben eingehängt ist, wird es unten direkt am Geländer mit einer Schiene verschraubt (siehe Abbildung 8.7).

Bringen Sie das Modul mit einer Neigung an, wird das Modul vorne an der herausstehenden Strebe verschraubt und die Halterung (siehe Abbildung 8.8) mit der Rückseite am Geländer.

Abbildung 8.6 Ein Solarmodul, fest verschraubt mit dem Geländer

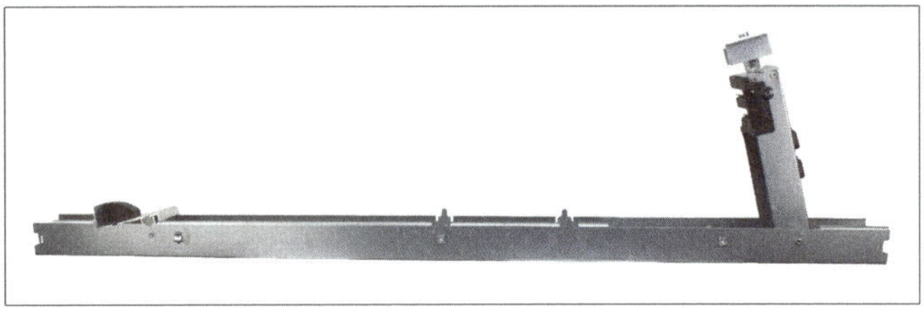

Abbildung 8.7 Ein Solarmodulhalterung zur Montage mit Neigung – Abständerung (liegend abgebildet)

Viele Halterungen nutzen Alu-Profilschienen und spezielles Montagematerial zur Befestigung. Dieses Montagematerial kann diverse Formen haben (siehe Abbildung 8.8). Machen Sie sich frühzeitig damit vertraut und üben Sie vorher einmal, wie die Teile zusammengehören. Aus Erfahrung kann ich Ihnen sagen: Wenn Sie gerade das Solarmodul festhalten und keine Hand mehr frei haben, ist es zu spät dafür.

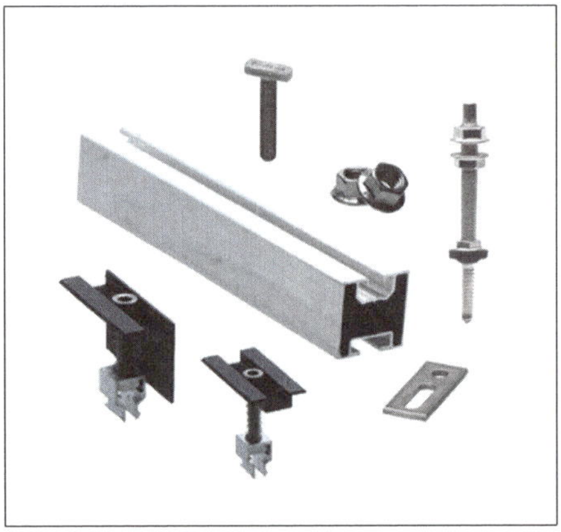

Abbildung 8.8 Montagematerial

Wenn Sie die Solarmodule angebracht haben, beginnen Sie damit, die Leitungen anzuschließen und den Wechselrichter an einer passenden Stelle, geschützt vor Regen und Sonne, anzubringen. Legen Sie dann das Netzkabel zur Steckdose und befestigen Sie alles mit Kabelbindern oder Klettbändern.

Abbildung 8.9 Fertig angebrachte Solarmodule an einem Balkongeländer

Übrigens: Befestigen Sie die Solarmodule nicht der Länge nach unten am Balkongeländer. Wenn Sie sie so montieren, könnten sie den darunterliegenden Balkon verschatten. Ihr Nachbar oder Vermieter wird damit nicht einverstanden sein.

Sind die Anschlussleitungen der Solarmodule nicht lang genug, um bis zum Wechselrichter zu reichen, können Sie zum Verlängern MC4-Solarkabelverlängerungen verwenden. Die Leitungen mit 4 mm^2 reichen für die Solarmodule eines Balkonkraftwerks aus.

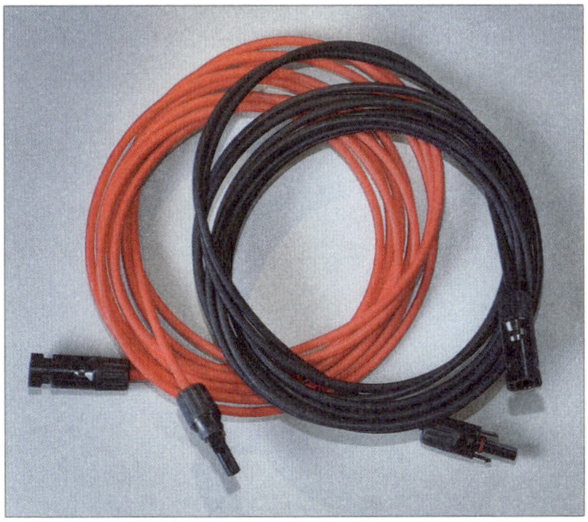

Abbildung 8.10 Solarkabelverlängerungen mit MC4-Stecker und Buchse

Diese Solarkabelverlängerungen sind immer als Paar in zwei Farben erhältlich – in Rot und in Schwarz – für den Plus- und den Minuspol des Solarmoduls. Beim Anbringen der Verlängerungen können Sie auch nichts aus Versehen verwechseln, die Stecker und Buchsen der beiden Leitungen unterscheiden sich und können daher nicht in den falschen Anschluss des Wechselrichters eingesteckt werden. Sie können diese Verlängerungen, falls Sie sie benötigen, in verschiedenen Längen bei den bekannten Onlineversandhändlern oder beim Lieferanten Ihres Balkonkraftwerks auch noch nachträglich bekommen.

Montage-Checkliste

Bei der Installation und Inbetriebnahme des eigenen Balkonkraftwerks muss man einige Dinge bedenken. Helfen kann Ihnen diese Checkliste:

- ☐ Haben Sie einen geeigneten **Anbringungsort** gefunden? Passen dort ein oder zwei Solarmodule und ein Wechselrichter hin? Ist das Geländer **robust** genug?
- ☐ Ist die Oberkante des Solarmoduls am Montageort nicht höher als vier Meter über **öffentlichem Grund**? Wenn es sich um privaten Grund handelt, dann ist es egal.
- ☐ Ist eine **Steckdose** in der Nähe? Wenn nicht, benötigen Sie eine **Fensterdurchführung** oder müssen sich von einer Elektrofachkraft eine Steckdose setzen lassen.
- ☐ Haben Sie alle **Halterungen** für die Solarmodule und den Wechselrichter? Passen diese an das **Balkongeländer** bzw. den Montageort?
- ☐ Haben Sie abgemessen, wie lang die **Leitungen** zwischen den **Solarmodul(en)** und dem **Wechselrichter** sein müssen? Brauchen Sie ein Paar Solarkabelverlängerungen?
- ☐ Haben Sie abgemessen, wie lange die **Anschlussleitung** vom **Wechselrichter** zur **Steckdose** sein muss?
- ☐ Ist das **Netzkabel** dann **geschützt** verlegt, und bildet es keine Stolperfalle?
- ☐ Falls Wechselrichter mit einem WLAN-Modul ausgestattet ist: Ist Ihr **kabelloses Netzwerk** vom Montageort des Wechselrichters aus erreichbar?
- ☐ Liegt das **Einverständnis** Ihres Vermieters, der Eigentümergemeinschaft und Ihres Partners oder Ihrer Partnerin vor?
- ☐ Ist der **Transport** der Solarmodule geklärt? Ist Ihr Auto groß genug? Es ist nahezu unmöglich, Solarmodule in Standardgröße allein ins Auto zu bugsieren – kann Ihnen jemand beim Transport helfen?
- ☐ Haben Sie alle **Betriebs- und Montageanleitungen** Ihres Balkonkraftwerks und aller dazugehörigen Geräte beisammen und durchgelesen?
- ☐ Spielen Kinder auf dem Balkon? Können Sie alle Leitungen und Kabel **kindersicher** anbringen und sichern?

- ☐ Haben Sie sich über die **Anmeldung** beim Netzbetreiber und beim Marktstammdatenregister informiert? (Hilfe dazu gibt es in Kapitel 9, »Der Papierkram«).
- ☐ Kennen Sie eine Elektrofachkraft, die Sie bei **Problemen** kontaktieren können?

8.2 Der Wechselrichter

Solarmodule erzeugen Gleichstrom. Ihr Haushaltsstrom ist allerdings Wechselstrom. Um den erzeugten Strom Ihres Solarmoduls in Ihr Hausnetz einspeisen zu können, muss dieser von Gleichstrom zu Wechselstrom umgewandelt werden. Das ist die Aufgabe des Wechselrichters.

Der Wechselrichter macht aber noch ein paar Dinge mehr. Er achtet darauf, dass der von Ihrem Balkonkraftwerk umgewandelte Strom zur Phase und zur Frequenz Ihres Stroms aus der Steckdose passt, und sichert ab, dass bei einem Netzausfall nicht weiter Strom in das Stromnetz Ihres Haushalts eingespeist wird. Diese Sicherheitsmaßnahmen und die Konformität mit unserem Stromnetz ist aus Sicherheitsgründen von unseren Netzbetreibern vorgegeben.

In Abbildung 8.11 sehen Sie das Modell, das ich bei meiner Installation verwendet habe. Es ist mit einem WLAN-Modul ausgestattet, daher gibt es auch eine kleine Stummelantenne, die noch angeschraubt werden muss.

Abbildung 8.11 Wechselrichter mit Anschlusskabel und WLAN-Antenne

Installieren Sie den Wechselrichter draußen bei den Solarmodulen, allerdings sollte er im Schatten hängen und nicht verdeckt werden, damit er genug Luft zur Kühlung bekommt. Das Gehäuse des Wechselrichters hält den Elementen stand, er ist staub- und wasserdicht und wird durch die Kühlrippen an seinem Gehäuse passiv gekühlt. Tendenziell verwenden Sie also eher kürzere Solarkabel zum Anschluss Ihrer Solarmodule an den Wechselrichter und ein längeres Anschlusskabel an die Steckdose. Wie schon erwähnt, lassen Sie Platz zwischen dem Wechselrichter und der Rückseite der Solarmodule.

Nur wenn Sie keinen optimalen Montageplatz für Ihren Wechselrichter draußen bei den Solarmodulen finden, holen Sie ihn herein und suchen eine Steckdose in der Nähe zum Einspeisen Ihres selbst erzeugten Stroms.

Reihenfolge beachten

Wichtig ist beim Zusammenstecken der Anschlüsse bei einem Balkonkraftwerk folgende Regel: Der Netzstecker kommt zuerst und zuletzt!

- Wenn Sie Ihr Balkonkraftwerk in Betrieb nehmen, dann stecken Sie zuerst den Netzstecker des Wechselrichters in die Steckdose, danach verbinden Sie die erst die Solarmodule mit dem Wechselrichter.
- Wenn Sie ein Balkonkraftwerk außer Betrieb nehmen wollen, ist es die umgekehrte Reihenfolge: Erst trennen Sie die Verbindungen zwischen den Solarmodulen und dem Wechselrichter, dann erst ziehen Sie den Wechselrichter aus der Steckdose.

Auf der Rückseite des Geräts finden Sie meistens genauere Informationen zum Modell wie beispielsweise eine Seriennummer (siehe Abbildung 8.12). Wenn Sie den Support kontaktieren müssen oder im Internet nach weiteren Informationen suchen, sollten Sie solche Informationen bereithalten.

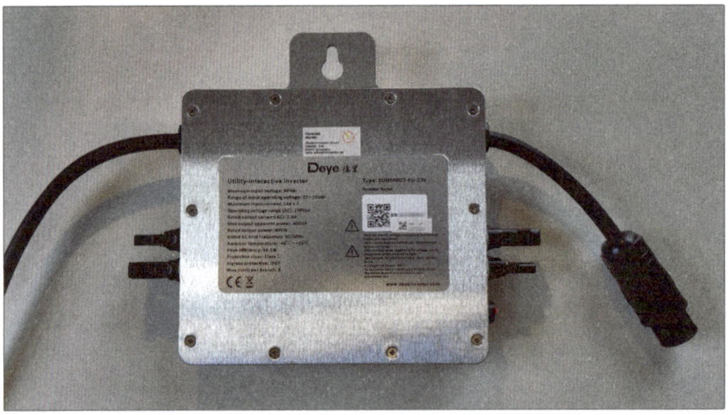

Abbildung 8.12 Wechselrichter (Rückseite)

Falls Ihr Wechselrichter einen WLAN-Anschluss hat und Sie die aktuellen Daten Ihrer Energieerzeugung im Blick behalten möchten, wird etwas weiter unten in Abschnitt 8.4, »Alles im Blick behalten: das Balkonkraftwerk im Netzwerk«, die Einrichtung dieser Funktion besprochen. Zunächst müssen wir uns aber noch den Stecker anschauen.

8.3 Der Anschluss ans eigene Stromnetz (Schuko- oder Betteri-Anschluss)

Es gibt mehrere Steckertypen, die zur Einspeisung des Stroms Ihres Balkonkraftwerks verwendet werden können. Die einfachste und praktikabelste Variante ist der Schukostecker.

Der Schukostecker

Schuko steht für *Schutz-Kontakt*. Stecker, die damit ausgestattet sind, werden dementsprechend Schukostecker genannt (siehe Abbildung 8.13).

Abbildung 8.13 Anschlussleitung mit Schukostecker

Dieses Stecksystem mit den entsprechenden Dosen, die Sie in Abbildung 8.14 sehen, ist seit fast 100 Jahren patentiert und im Einsatz.

Abbildung 8.14 Eine gewöhnliche Steckdose, an die Sie Ihr Balkonkraftwerk anschließen können.

Leider sind die Stecker nicht standardisiert – vielleicht ist es Ihnen im Urlaub auch schon einmal passiert, dass die mitgebrachten Geräte nicht in die fremden Steckdosen passen. Achten Sie daher darauf, dass Ihr neues Balkonkraftwerk mit einem Stecker vom Typ F ausgestattet ist. Das sollte bei allen Geräten, die in Deutschland verkauft werden, selbstverständlich sein, aber passen Sie bei Importen auf. Auch Nachbarländer wie Frankreich oder Polen nutzen einen etwas anderen Stecker als Deutschland, Österreich oder die Niederlande.

Die meisten Balkonkraftwerke werden mit einem Schukostecker betrieben, und es gibt keinerlei Auffälligkeiten bei der Nutzung eines solchen Steckers. Schließlich verwenden wir solch einen Schukostecker schon seit Ewigkeiten im Haushalt – auch mit viel höheren Strömen als bei einem Balkonkraftwerk –, und es passiert nichts. Also warum soll das nicht ausreichen?

Mit dem Schukostecker verbinden Sie Ihr Balkonkraftwerk also mit dem Stromnetz Ihrer Wohnung. Dabei sollte der Schukostecker immer direkt in eine Steckdose eingesteckt werden. Verwenden Sie keine Verteilersteckdosen dazwischen. Falls Sie am Einspeisepunkt des Balkonkraftwerks weiterhin eine Steckdose benötigen, lassen Sie sich von einem Elektriker eine installieren.

Der Verband der Elektrotechnik (VDE) empfiehlt jedoch nicht die Nutzung des Schukosteckers, sondern den Einsatz von Wieland-Steckern (siehe Abbildung 8.15). Das neue Balkonkraftwerkgesetz wird bald entscheiden, was notwendig sein wird, allerdings ist nicht zu erwarten, dass etwas anderes als der bewährte Schukostecker verwendet werden darf. Schließlich sollen Balkonkraftwerke als »steckerfertiges Set« verkauft werden, um die Energiewende so gut wie möglich zu unterstützen.

Abbildung 8.15 Wieland-Anschlussdose

Der Wechselrichter in Österreich

In Österreich wird gerne von einer Vorschrift gesprochen, die den Einbau einer Wieland-Steckdose vorschreibt. Damit ist die elektrotechnische Norm *OVE E 8101* gemeint.

Diese besagt, dass ein Anschluss über eine Schukosteckdose nicht regelkonform sei und auch eine Kleinanlage vom Elektriker mit einem Wieland-Anschluss verdrahtet werden müsste. Diese Norm ist zwar in der Elektrotechnikverordnung festgeschrieben, es wird aber gern unterschlagen, dass es sich nicht um eine verbindliche Norm handelt. Es ist also nur eine Empfehlung. Das bedeutet, ein Balkonkraftwerk mit Schukostecker ist auch in Österreich hundertprozentig legal.

Die andere Seite der Verbindung zum Wechselrichter sieht jedoch anders aus. Dabei handelt es sich um einen Betteri-Stecker, der sich an fast jedem Wechselrichter findet. Ein Beispiel sehen Sie in Abbildung 8.16. Mit diesem Stecker verbinden Sie Ihr Netzkabel mit dem Schukostecker, um den Wechselrichter in Ihr Hausnetz zu bringen.

Abbildung 8.16 Betteri-Kupplung

Insgesamt sieht das Kabel also so wie in Abbildung 8.17 aus.

Abbildung 8.17 Fertig konfektioniertes Anschlusskabel mit Schukostecker und Betteri-Kupplung

Eine Betteri-Kupplung lässt sich aufschrauben und so auch einfach austauschen, falls mal was kaputtgeht oder falls eine Leitung verlängert werden muss, wie Sie in Abbildung 8.18 sehen. Aber wie schön erwähnt: Lassen Sie so etwas von einer Elektrofachkraft machen!

Abbildung 8.18 Eine demontierte Betteri-Kupplung

Sie haben nun alles miteinander verbunden und eingesteckt. Die Status-LED Ihres Wechselrichters sollte grün leuchten, und die Einspeisung beginnt automatisch, sobald genug Sonne auf die Solarmodule fällt. Sie brauchen jetzt nichts weiter zu tun.

Woher weiß der Strom, wo die Verbraucher sind?

Das Balkonkraftwerk ist angebracht. Aber nun gilt es sich vorzubereiten! Sobald Sie das erste Mal zu einer Grillparty auf dem Balkon einladen, wird einer Ihrer Freunde unweigerlich die Frage stellen: »Woher weiß der Strom denn, wo die Verbraucher sind?« Diese Frage kann auch von Ihrer Nachbarschaft kommen – meistens wenn Sie beim Raustragen des Mülls erwischt werden und eigentlich keine Zeit dafür haben.

Also, dröseln wir den technischen Sachverhalt mal auf: Woher weiß der Strom, der vom Balkonkraftwerk erzeugt wurde, wo Ihre Verbraucher sind?

Die Steckdose, in die das Balkonkraftwerk eingesteckt ist, kann schließlich an der einen Phase angeschlossen sein, aber die Verbraucher an einer der beiden anderen Phasen. Wie soll der Strom da hinkommen? Das ist die große Frage, die zu ausgiebigen Diskussionen am Stammtisch führen kann oder gern als Fangfrage verwendet wird, um die Eignung des Balkonkraftwerkbesitzers zu hinterfragen.

Die kurze Erklärung ist: Es geht nur darum, was Ihr Stromanbieter Ihnen in Rechnung stellt.

Die lange Erklärung ist: Ihr Hausstromanschluss ist ein dickes Kabel, das von Ihrem Energieversorger von der Straße in Ihr Haus gelegt wurde. Dieser Anschluss ist meistens im Keller. Hier ist in einem Sicherungskasten Ihr Hausstromnetz mit dem Anschluss des Energieversorgers verbunden. In diesem Sicherungskasten ist alles angeschlossen, was bei Ihnen Strom verbraucht.

Das Kabel des Energieversorgers transportiert den Strom über drei Leitungen in Ihr Haus. Diese drei Leitungen werden *Phasen* genannt. Ihr Haushalt ist über den Sicherungskasten an diesen drei Phasen (L1, L2 und L3) angeschlossen, und die Verbraucher in Ihrem Haushalt sollten über diese drei Phasen gleichmäßig verteilt sein.

Wenn Ihr Balkonkraftwerk Strom erzeugt, wandert dieser immer in den am nächsten gelegenen Verbraucher, denn der Strom sucht sich stets den kürzesten Weg. Das kann ein Gerät im eigenen Stromkreis an der gleichen Phase sein, oder aber der Strom wandert über Ihren Sicherungskasten und den Zähler irgendwo anders hin. Das kann auch zu einem Verbraucher bei Ihrem Nachbarn sein.

Speist Ihr Balkonkraftwerk nun auf der Phase, in der es eingesteckt ist, 300 Watt ein und Sie verbrauchen auf dieser Phase 400 Watt, zählt der Stromzähler nur 100 Watt. Wenn Sie auf dieser Phase aber nur 50 Watt verbrauchen, verrechnet der Zähler die überschüssigen 250 Watt auf die anderen beiden Phasen Ihres Haushalts.

Wohin der Strom fließt und was Ihr Stromzähler zählt, sind somit zwei Paar Schuhe. Wichtig ist, dass Ihr Stromzähler die Summe über die drei Phasen richtig summiert – das wird *saldierender Zähler* (siehe Abbildung 8.19) genannt und ist der Standard bei allen modernen Stromzählern.

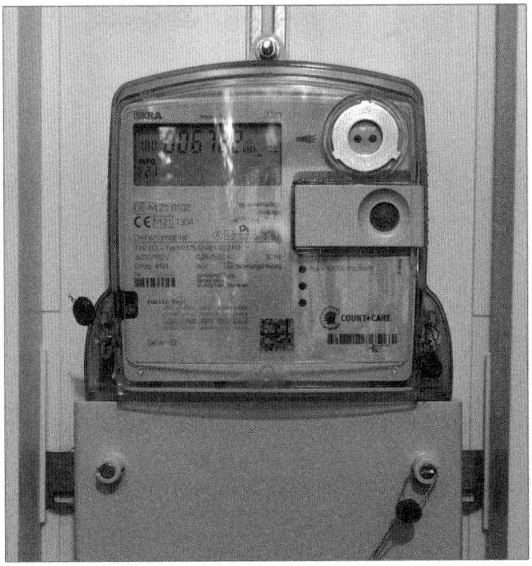

Abbildung 8.19 Ein moderner Stromzähler – geeignet für ein Balkonkraftwerk

Summieren und saldieren

Summieren und saldieren sind zwei unterschiedliche Sachen. Beim Saldieren wird ein Nettobetrag durch das Gegenüberstellen von hinzuzurechnenden und abzuziehenden Zahlen ermittelt. Beim Summieren wird nur zusammengezählt und nicht gegenübergestellt.

Der Strom kann das Hausnetz verlassen, ohne irgendwo auf einer anderen Phase angerechnet zu werden, deshalb reden die Stromversorger von saldierenden Zählern. Oder, noch einfacher gesagt: Bei saldierenden Zählern geht es weniger um die Phasen, sondern eher um die Differenz zwischen dem erzeugten und verbrauchten Strom.

Haben Sie jedoch noch einen sehr alten Stromzähler wie den in Abbildung 8.20, wird es schwierig. Denn wir scheinen gerade in einer Übergangsphase zu sein: Die Geräte sind aktuell nicht für den Betrieb mit einer Solaranlage, die ins Hausnetz einspeist, geeignet, denn sie können rückwärtsdrehen. Obwohl es mit dem gerade als Entwurf vorliegenden neuen Balkonkraftwerkgesetz ab Januar 2024 aktuell Bestrebungen gibt, genau diesen Fall zu ermöglichen, ist es nach der aktuellen Gesetzeslage nicht zulässig, dass Ihr Stromzähler rückwärtsläuft, Sie also mehr Strom ins Netz einspeisen, als Sie verbrauchen.

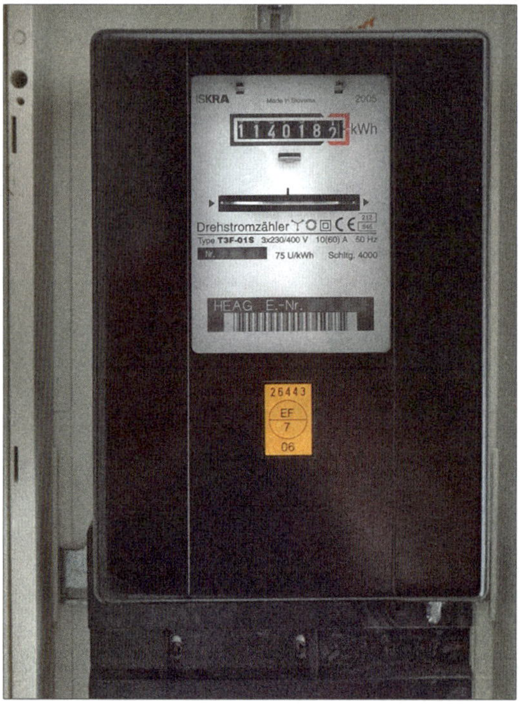

Abbildung 8.20 Ein veralteter Stromzähler – aktuell nicht geeignet für ein Balkonkraftwerk

Was passiert, wenn Sie 400 Watt mit dem Balkonkraftwerk erzeugen, aber insgesamt, also auf allen drei Phasen Ihres Haushalts, nur 200 Watt verbrauchen?

Dann verschenken Sie 200 Watt. Die können Ihnen nicht angerechnet werden, rein rechnerisch verpuffen sie – zumindest im Sommer 2023. Es scheint aber so, dass es durch das neue Balkonkraftwerkgesetz ab Januar 2024 erlaubt sein wird, dass der Zähler auch rückwärtsläuft; aber nur solange, bis er gegen ein modernes Modell ausgetauscht wird.

Das mit der erzeugten Energie eines Balkonkraftwerks ist vergleichbar mit einem Gutschein, den Sie nicht wieder gegen Geld, sondern nur gegen Waren einlösen können. Falls Sie ihn nicht komplett aufbrauchen können, haben Sie einfach Pech gehabt.

Deshalb wird gesagt, dass es wichtig sei, ein Balkonkraftwerk mit einer Leistung zu nutzen, die zu Ihrer Grundlast passt.

Aber stimmt das denn? Sie können sich doch auch dazu entschließen, dass es Ihnen egal ist, ob Sie ab und an mal selbst erzeugten Strom verschenken. Dafür können Sie mit den Randbereichen der eigenen Stromerzeugung Ihren Verbrauch möglicherweise besser abdecken, beispielsweise bei bewölktem Himmel oder in den frühen Morgen- und Abendstunden. Wenn Sie dann zu Spitzenzeiten, also möglicherweise nur zur Mittagszeit, »zu viel« Strom erzeugen, ist das nicht schlimm. Das kann sich wieder ausgleichen, wenn Sie zu anderen Zeiten mehr bereitstellen können als mit einem kleineren Balkonkraftwerk, das morgens und abends weniger Strom erzeugen kann.

Wie viele Balkonkraftwerke darf man haben?

Bei der Inbetriebnahme eines Balkonkraftwerks gibt es mehrere Verordnungen, die gleichzeitig beachtet werden müssen, darunter auch die für elektrische Anlagen gemäß VDE-Empfehlungen. Nach dieser könnten Sie jedem *abgesicherten Bereich* im Haus ein Balkonkraftwerk zuweisen. In einem Haus mit mehreren Parteien, Ebenen oder Stockwerken, die einzeln mit Sicherungskasten und Zähler abgesichert sind, können Sie für jeden dieser Bereiche ein Balkonkraftwerk installieren und in den dahinterliegenden Stromkreis einstecken.

8.4 Alles im Blick behalten: das Balkonkraftwerk im Netzwerk

Wechselrichter nehmen eine Menge Daten auf, beispielsweise die erzeugte Menge Strom Ihres Balkonkraftwerks. Mithilfe dieser kontinuierlich erfassten Zahlen können Sie die korrekte Funktion Ihres Balkonkraftwerks überprüfen. Aber Sie können auch noch mehr machen, beispielsweise können Sie diese Daten abfragen und in Ihre Verbrauchsstatistiken importieren, manchmal sogar automatisch einpflegen lassen.

Wenn Sie die Option beim Kauf haben, sollten Sie ein Balkonkraftwerk mit einem Wechselrichter auswählen, der über eine WLAN-Schnittstelle verfügt. Dann ist dieser auch mit einem internen Datenlogger ausgestattet.

Zumindest mit der App des Herstellers können Sie so die Statistiken und gesammelten Daten Ihres Balkonkraftwerks einsehen. Die meisten Geräte haben aber auch eine Weboberfläche, auf die Sie mit dem Browser zugreifen können.

Den Wechselrichter DEYE SUN600g3 im WLAN einrichten

Beispielhaft zeige ich Ihnen die Schritte, die für den Anschluss und die Installation nötig sind, anhand eines *DEYE SUN600g3*, den Sie in Abbildung 8.21 sehen.

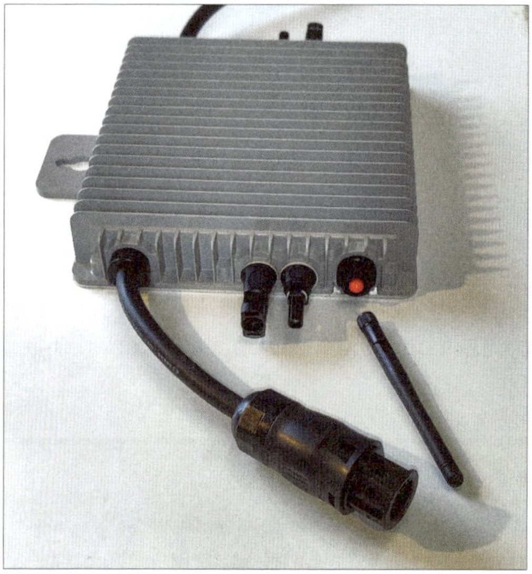

Abbildung 8.21 DEYE-Wechselrichter mit WLAN-Antenne

Sie werden vielleicht einen Wechselrichter von einem anderen Hersteller haben, es gibt viele Geräte auf dem Markt. Die DEYE-Wechselrichter sind recht verbreitet und werden unter verschiedenen Namen auch mit den Balkonkraftwerk-Sets angeboten, die bei den Discountern erhältlich sind. Die Prozedur ähnelt sich bei allen Geräten.

Dieser Wechselrichter gehörte zu den ersten Geräten, die eine WLAN-Schnittstelle eingebaut hatten und kein zusätzliches WLAN-Modul benötigten, das extra gekauft werden musste. Auch die Integration in Ihr Netzwerk ist nicht kompliziert und in ein paar Schritten erledigt.

1. Sobald der Wechselrichter mit der Steckdose verbunden ist, startet er und wird dann ein sogenanntes Ad-hoc-Netzwerk aufbauen. Warten Sie etwa eine bis zwei Minuten und öffnen Sie dann auf Ihrem Smartphone oder Laptop die Netzwerk-

einstellungen. In der Übersicht der verfügbaren Netzwerke sollte Ihr Wechselrichter nun zu finden sein. In der Bedienungsanleitung Ihres Wechselrichters werden Sie den Namen des sogenannten *Access Point* (AP) finden.

2. Verbinden Sie sich mit diesem Netzwerk. Das Verbindungspasswort ist wahrscheinlich auf dem Etikett auf der Rückseite des Wechselrichters zu finden oder in den dazugehörigen Unterlagen.
3. Öffnen Sie die Weboberfläche des Wechselrichters. Dazu starten Sie den Browser Ihres Laptops oder Smartphones und verbinden sich mit der IP-Adresse, die in der Anleitung Ihres Wechselrichters erwähnt wird. Sie besteht immer aus mehreren Zahlen, die mit Punkten voneinander getrennt sind: 10.10.100.254 in meinem Fall.

   Sie sollten eine Statusseite wie in Abbildung 8.22 sehen, auf der Ihnen die grundsätzlichen Angaben Ihres Wechselrichters aufgelistet werden.

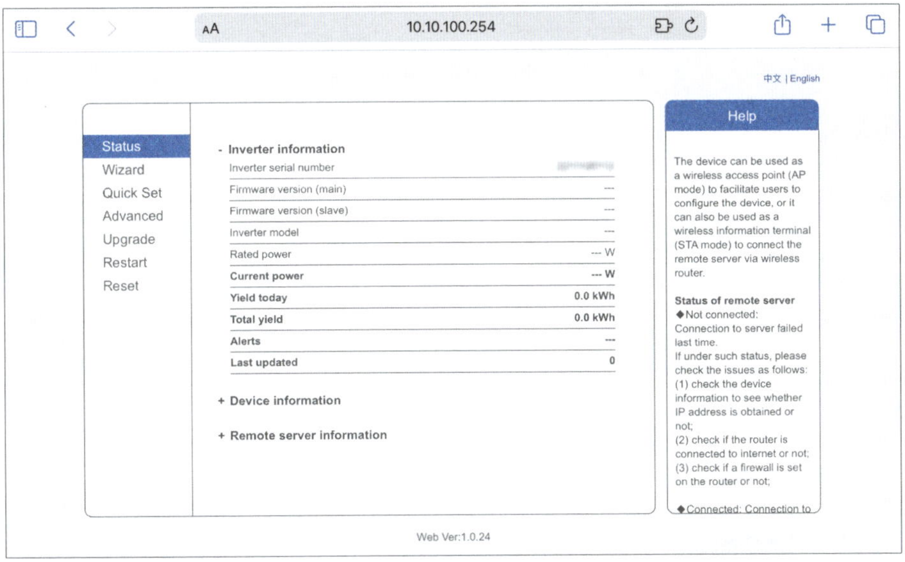

Abbildung 8.22 Weboberfläche des DEYE-Wechselrichters

4. Aktuell befinden Sie sich mit Ihrem Smartphone oder Laptop im Netzwerk, das der Wechselrichter eingerichtet hat. Sie können so also nicht ins Internet gehen; dieses Netzwerk ist nur dazu gedacht, eine direkte Verbindung mit dem Wechselrichter aufzubauen. Unser Ziel ist es aber, dass Sie auf die Weboberfläche zugreifen können, während Sie Ihr Smartphone oder Ihren Laptop ganz normal nutzen.

   Dazu ist es notwendig, dass der Wechselrichter Ihrem Heimnetzwerk beitritt. Ändern Sie dazu die Netzwerkkonfiguration des Wechselrichters, damit er sich nach einem Neustart in Ihr heimisches WLAN einloggt. In meinem Gerät ging das über den Punkt WIZARD. Wählen Sie dann das Netzwerk aus, mit dem er sich verbinden soll (siehe Abbildung 8.23).

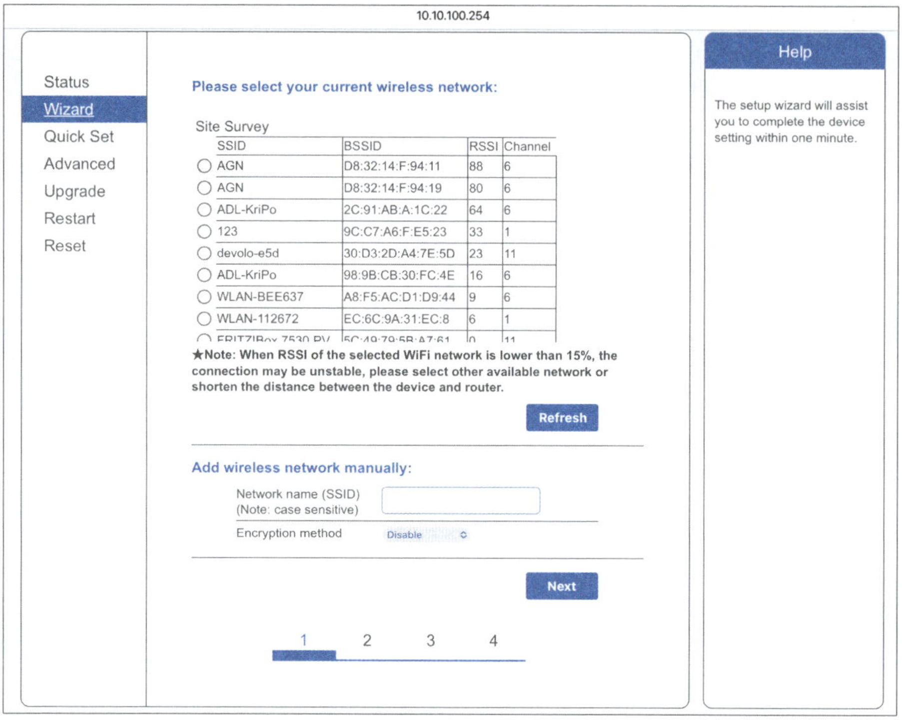

Abbildung 8.23 Auswahl des Netzwerks

5. Geben Sie jetzt das Passwort für Ihr Netzwerk ein (siehe Abbildung 8.24).

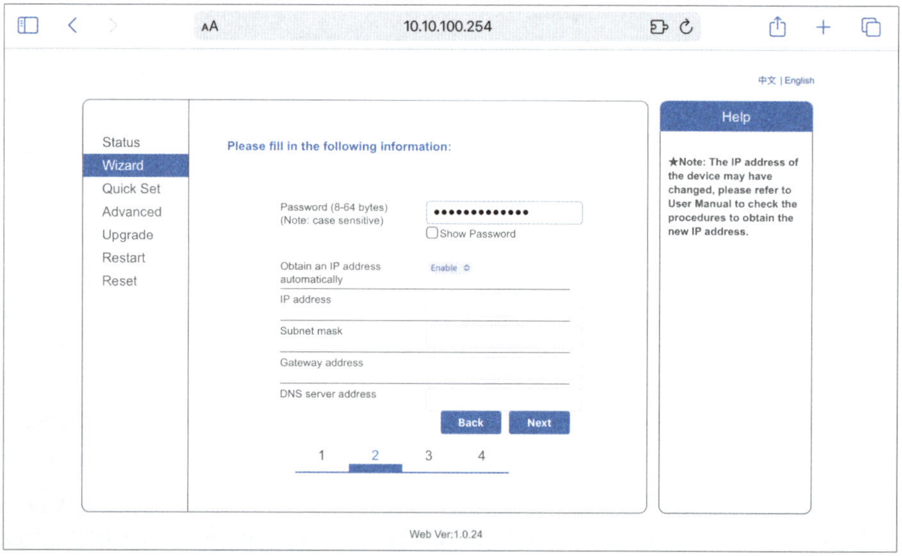

Abbildung 8.24 Eingabe des WLAN-Passworts

Eigentlich sollten keine weiteren Einstellungen notwendig sein, denn in den allermeisten Fällen ist die vorausgewählte Option OBTAIN AN IP ADRESS AUTOMATICALLY genau richtig. Übersetzt bedeutet dies, dass der Wechselrichter automatisch eine neue IP-Adresse und die relevanten Verbindungsdaten von Ihrem Router zugewiesen bekommt. Nur wenn Sie Ihr Netzwerk selbst verwalten, sollten Sie in diesem Menü eine Adresse und die weiteren notwendigen Daten selbst wählen.

6. Mein Wechselrichter hat danach nach einigen Sicherheitseinstellungen gefragt (siehe Abbildung 8.25). Dabei geht es allerdings um Einstellungen für das Netzwerk, das er selbst aufgebaut hat. Sie können diese Punkte also ignorieren, da sich das Gerät nun in Ihrem Heimnetzwerk befindet, das ja sicherlich mit einem guten Passwort und sicheren Einstellungen konfiguriert ist. Sie können also erst einmal alles so lassen, wie es ist, bis Sie sicher sind, dass das Ganze wie gewünscht funktioniert.

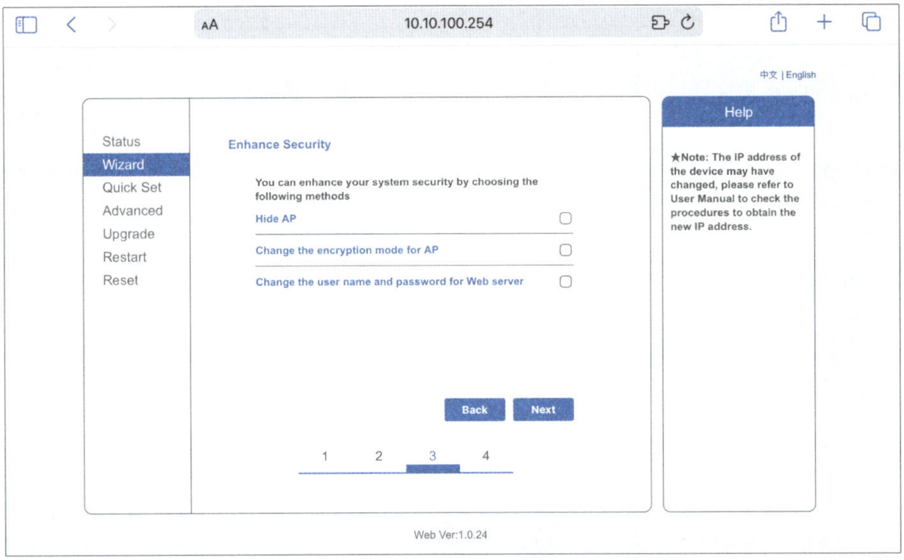

Abbildung 8.25 Mögliche Sicherheitseinstellungen des Wechselrichters

7. Sobald Sie die Konfigurationsänderung abgeschlossen haben, starten Sie den Wechselrichter neu (siehe Abbildung 8.26).
8. Nach einem Neustart sollten Sie in Ihrem Router, beispielsweise einer FRITZ!Box, den neuen Netzwerkteilnehmer finden und die IP-Adresse und den Namen ermitteln können. Mit diesen Angaben können Sie sich in Zukunft in Ihrem Browser mit der Weboberfläche des Wechselrichters verbinden.

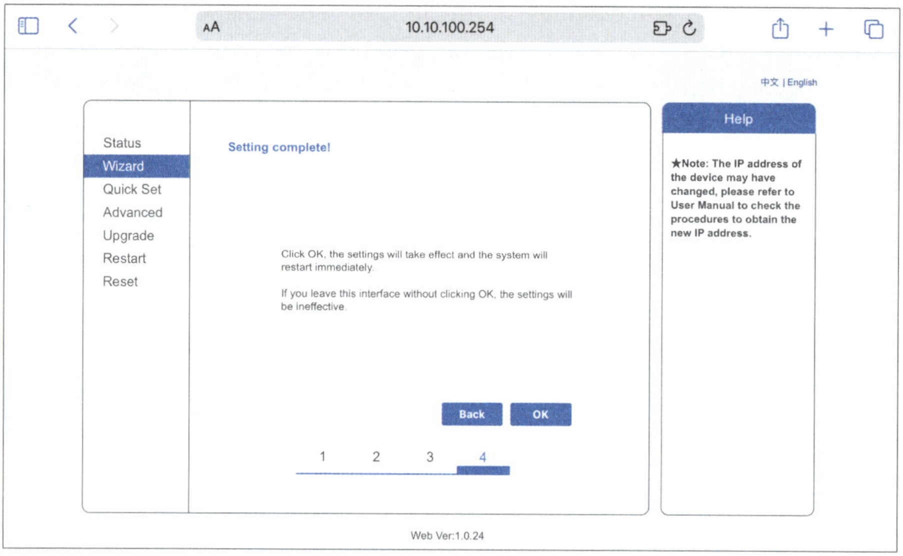

Abbildung 8.26 Abschluss und Neustart der Konfigurationsänderung

IP-Adressen und Router

Moderne Computernetzwerke sind nicht ganz einfach, aber mit wenigen Grundbegriffen kommt man schon recht weit.

Alle Geräte in einem Netzwerk haben eine eindeutige Nummer, die sogenannte *IP-Adresse*. Wenn Sie diese Nummer in die Adresszeile Ihres Browsers eingeben, gelangen Sie zur Weboberfläche des jeweiligen Geräts.

Wie die Nummern in Ihrem Netzwerk vergeben sind, hängt von Ihrem *Router* ab. In vielen Haushalten ist das eine *FRITZ!Box* der deutschen Firma AVM, oder Sie nutzen einen Router, den Sie von Ihrem Internetanbieter bekommen haben, also beispielsweise ein Speedport der Telekom.

Meistens, aber nicht immer, gelangen Sie über die Adresse 192.168.0.1 zur Konfigurationsseite Ihres Routers. Gerade die FRITZ!Box bildet hier jedoch eine Ausnahme: Sie nutzt die IP-Adresse 192.168.178.1.

Wenn Sie diese Adresse besuchen, müssen Sie sich zunächst anmelden. Die Daten erhalten Sie von Ihrem Internetanbieter, sie stehen auf der Rückseite des Geräts oder sie befinden sich bei der Bedienungsanleitung.

Nachdem Sie sich angemeldet haben, sehen Sie die Menüs Ihres Routers. Auch hier hilft die Bedienungsanleitung weiter. In einem Menü, das meistens HEIMNETZ oder NETZWERK heißt, finden Sie eine Liste aller Geräte, die sich in Ihrem WLAN befinden. So erfahren Sie, welche Nummer der Wechselrichter erhalten hat, und können diese Adresse nutzen, um wieder zur Weboberfläche zu gelangen.

Statusanzeige und Fehlermeldungen

Eine Minute nach dem Einstecken der Solarmodule in den Wechselrichter zeigt ein kurzes rotes Blinken der Statusanzeige eine erfolgreiche Startsequenz des Geräts an.

Abbildung 8.27 Betriebs-LED des DEYE-Wechselrichters

Diese LED kann unterschiedliche Dinge anzeigen. Die folgende Liste schlüsselt auf, was Ihr Wechselrichter gerade tut:

- **Langsames blaues Blinken**
  Balkonkraftwerk erzeugt geringe Leistung.
- **Schnelles blaues Blinken**
  Balkonkraftwerk erzeugt große Leistung.
- **Rotes Blinken**
  Balkonkraftwerk erzeugt keine Leistung oder wurde gerade eingesteckt und startet noch.
- **Zweimaliges rotes Blinken**
  AC-Unterspannung oder -Hochspannung. Sie haben ein Problem beim Einspeisen in Ihr Hausnetz.
- **Dreimaliges rotes Blinken**
  Netzfehler: Sie haben einen Stromausfall oder der Netzstecker steckt nicht in der Steckdose.
- **Viermaliges rotes Blinken**
  GFDI-Fehler (*Ground Fault Detector Interrupter*). Bei diesem Problem sollte unbedingt ein Elektriker einen Blick auf die Sache werfen.

Sollte Ihr Wechselrichter durch mehrmaliges rotes Blinken einen Fehler melden, trennen Sie zunächst die Kabel wieder und prüfen Sie nochmal, ob alles richtig zusammengesteckt wurde.

Falls die Steckverbindung wirklich richtig sitzt, es aber trotzdem immer noch Probleme gibt, sollten Sie eine Fachkraft kontaktieren. Hier gilt die Grundregel beim Umgang mit elektrischem Strom: Finger weg! Öffnen Sie keinesfalls Ihren Wechselrichter und versuchen Sie sich auch nicht eigenständig an Reparaturen. Ihr Balkonkraftwerk muss ohne besondere Eingriffe oder »clevere Tricks« funktionieren. Wenn es das nicht tut, kontaktieren Sie den Support und lassen Sie Fachleute die Installation prüfen.

Wechselrichter anderer Hersteller mit DTU

Beschrieben wurde hier die Einrichtung eines Wechselrichters mit WLAN-Schnittstelle. Bei einem Wechselrichter ohne Netzwerkanschluss müssen Sie gar nichts konfigurieren. Solche Geräte werden einfach eingesteckt, und sie machen ihre Arbeit.

Andere Wechselrichter wie die des Herstellers Hoymiles können wiederum mit einer *Data Transfer Unit* (DTU) nachgerüstet werden, falls Sie sich irgendwann doch entschließen, die Daten zu sammeln.

Und dann gibt es noch *OpenDTU* und *AhoyDTU*, das sind Datenlogger im Selbstbau, die tolle Möglichkeiten für die Vernetzung im eigenen Smart Home bieten. Das Open-Source-Projekt finden Sie unter *https://github.com/tbnobody/OpenDTU* und *https://ahoydtu.de/*.

Verbrauchsdaten erfassen

Doch wie bekommen Sie nun die erfassten Daten des Wechselrichters in Ihre Excel-Tabelle, in der Sie Ihren Stromverbrauch erfassen und nun gerne Ihren selbst erzeugten Strom verrechnen würden?

8202,3	491	85,15 €		10731,8	1374	191,69 €		
8693,1	376	65,27 €		12105,9	1006	140,28 €		
9069,3	414	71,76 €		13111,5	1247	173,89 €		
9482,9	333	57,71 €		14358	231	32,28 €	Anteil WW in kWh	
9815,5	362	62,77 €		14589,4	167	23,31 €	2000	
10177,3	282	48,93 €		14756,5	110	15,30 €	Heizw.bdrf	
10459,3	328	56,98 €		14866,2	127	17,72 €	(ohne WWasser)	
10787,7	349	60,48 €		14993,2	136	19,01 €	35,996	
11136,3	345	59,89 €	kWh im Jahr	15129,5	131	18,29 €	kWh im Jahr	
11481,5	438	75,91 €	4676,5	15260,6	412	57,49 €	6499,5	
11919	479	83,04 €	Jahresbetrag	15672,7	447	62,34 €	Jahresbetrag	Gesamt (Brutto)
12397,6	481	83,49 €	**€ 811,37**	16119,6	1112	155,08 €	**€ 906,68**	**€ 2.044,48**
12878,8	483	99,03 €		17231,3	1499	222,62 €		

Abbildung 8.28 Jahresverbrauch, erfasst in einer Excel-Tabelle

Leider bieten nicht alle Wechselrichter eine Möglichkeit, die gesammelten Daten mit einer offenen Schnittstelle abzufragen. Aber Sie können eine Steckdose mit Messfunktion zwischenschalten (siehe Abbildung 8.29).

Abbildung 8.29 Wechselrichter, eingesteckt in Zwischenstecker mit Messfunktion

Diese Steckdosen mit Messfunktion gibt es mit offenen Schnittstellen, sodass diese gut in ein Smart-Home-Netzwerk integriert werden können. Mit Tools wie *Grafana* können Sie dann Ihre Verbräuche in einem Dashboard visualisieren und den Verbrauch und die Erzeugung Ihres Stroms insgesamt oder pro Gerät grafisch gegenüberstellen. Solch kleine Steckdosen werden von Shelly oder Tasmota angeboten.

Auch Home Assistant bietet sehr umfangreiche Möglichkeiten, um die Stromproduktion im Blick zu behalten. In Abbildung 8.30 sehen Sie, dass Sie nicht nur Stromverbraucher auswerten können, auch der Gas- und der Wasseranschluss lassen sich überwachen – vorausgesetzt, die Zähler sind so in Ihr Netzwerk integriert, dass Sie sie auslesen können.

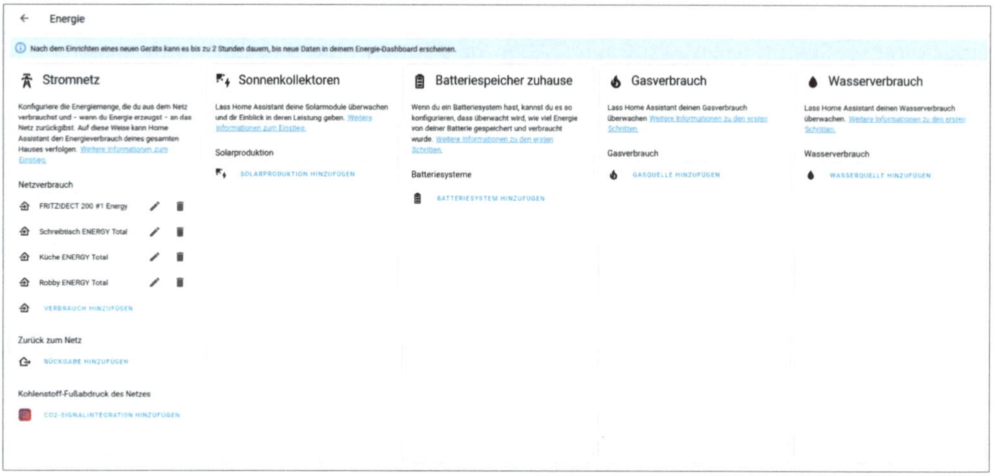

Abbildung 8.30 Home Assistant integriert Solarmodule sowie Batteriespeicher und führt sogar über den Gas- und Wasserverbrauch Buch, wenn Sie diese Anschlüsse entsprechend integrieren. Das ist allerdings mit Aufwand verbunden. Ein paar smarte Steckdosen, die den Verbrauch messen, habe ich in diesem Beispiel aber schon eingerichtet.

Wie bereits in Abschnitt 4.3, »Ausblick: Systeme für das Smart Home«, besprochen, bietet solch ein vernetztes Smart Home einiges an Möglichkeiten, bedeutet aber auch ganz schön Arbeit.

Wenn Sie zu den Menschen gehören, die sich mehrmals am Tag fragen, was der Computer eigentlich von Ihnen will, und Sie kein weiteres Hobby brauchen, dann nehmen Sie den einfachen Weg: Lesen Sie aus der App des Wechselrichters einmal im Monat die Werte ab und tragen Sie diese händisch in Ihre Excel-Tabelle ein. Das reicht vollkommen.

Datenhoheit und Privatsphäre

Auch hier gilt, wie schon bei den intelligenten Steckdosen mit App und Cloud: Ihre Daten und Nutzungsprofile landen bei solch einer Wechselrichter-App irgendwo im Internet, und Sie wissen nicht, was mit Ihren Daten sonst noch alles geschehen kann.

Daten mit 123Solar erfassen

Falls Sie gern eine eigene Weboberfläche hätten, mit der Sie die erzeugte Energie Ihres Balkonkraftwerks sammeln und anzeigen können, gibt es auch eine nicht so komplizierte Lösung. Auf einem kleinen Raspberry Pi können Sie *123Solar* laufen lassen. Zu finden ist dieses Open-Source-Projekt unter *https://github.com/jeanmarc77/123solar*.

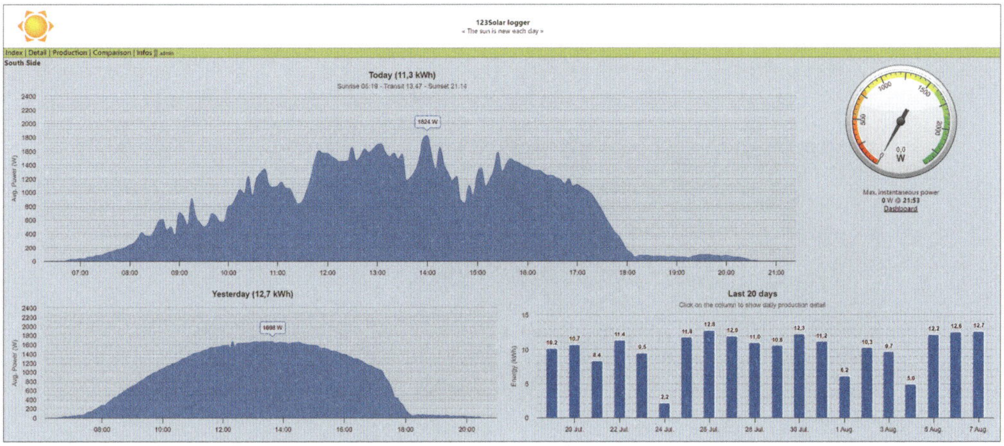

Abbildung 8.31 Datenerfassung mit 123Solar

123Solar ist eine einfache und leicht gehaltene Webapplikation, die sich auch auf einem sparsamen Kleincomputer wie dem Raspberry Pi wohlfühlt. Falls Sie also eine schnelle Variante suchen, solch einen zentralen Server zur Datenerfassung laufen zu lassen, könnte dieses Projekt ein guter Startpunkt für Ihren Einstieg in die Visualisierung der Daten sein. Sie benötigen nur einen Webserver ohne viel Leistung, es ist keine Datenbank nötig, und es wurde unter dem KISS-Motto (Keep It Small and Simple) erstellt, was Ihnen unnötige Arbeit erspart.

Was ist ein Raspberry Pi

Vor einigen Jahren hatte der britische Erfinder Eben Upton eine große Vision: Er wollte einen möglichst kleinen, günstigen, stromsparenden und einfachen Computer bauen, mit dem Kinder Elektronik und Programmierung lernen konnten.

Herausgekommen ist ein kleiner Computer, der allerdings ein bisschen anders aussieht als ein normaler Laptop oder Bürorechner. Der Raspberry Pi ist ungefähr so groß wie ein Geldbeutel. Es gibt ihn inzwischen in unterschiedlichen Varianten und Modellen, am weitesten verbreitet ist momentan der Raspberry Pi 4, Modell B, den Sie in Abbildung 8.32 sehen. Sie können aber auch mit den älteren Ausführungen noch gut arbeiten.

Dieses Projekt ist eine wahre Erfolgsgeschichte geworden. In den letzten Jahren hat sich der Raspberry Pi millionenfach verkauft. Inzwischen gibt es ganz unterschiedliche Modelle, der aktuelle Raspberry Pi 4 ist schnell genug, um auch etwas anspruchsvollere Aufgaben zu erledigen, ohne ins Schwitzen zu kommen.

Wenn Sie für Ihre Bastel- oder IT-Projekte also eine gute, aber einfache Grundlage suchen, ist der Raspberry Pi die erste Wahl. Während Ihr Bürorechner wahrscheinlich gut 200 Watt verbraucht und auch ein recht stromsparender Laptop noch 50 Watt aus der Steckdose zieht, begnügt sich der Raspberry Pi mit etwa 5 Watt. Für ein Gerät, das ständig laufen soll, ist das ideal.

Abbildung 8.32 Ein neuer Raspberry Pi 4, Modell B

Zugriff von unterwegs

Über das smarte Hausnetz haben wir schon in Abschnitt 4.3 gesprochen. Mit der Data Transfer Unit (DTU) des Wechselrichters, dem Raspberry Pi und all den smarten Geräten im Hausnetz könnten Sie plötzlich den Wunsch verspüren, auch von unterwegs mal zu schauen, ob Ihr Balkonkraftwerk auch ordentlich Strom produziert und welche Verbraucher gerade davon bedient werden.

Tatsächlich ist es möglich, über ein *Virtual Private Network* (VPN) einen sicheren Zugriff aus der Ferne auf Ihr Heimnetzwerk einzurichten. So können Sie die darin laufenden Geräte und Webseiten (wie 123Solar) erreichen und einen Blick auf alles werfen. Im Kontext Ihres smarten Hauses und Balkonkraftwerks bedeutet dies, dass Sie von unterwegs aus in der Lage wären, den Betriebsstatus Ihres Kraftwerks zu überprüfen, Verbraucher zu steuern und sogar Auswertungen der erzeugten Energie durchzuführen.

Dieser Komfort hat aber seinen Preis. Zwar ist es mit einer modernen FRITZ!Box so einfach wie noch nie, einen eigenen VPN-Zugang einzurichten, aber trotzdem erfordert solch eine Konfiguration ein gewisses Maß an IT-Kenntnissen. AVM hilft Ihnen bei solch eine Einrichtung mit einer ausführlichen Anleitung unter *https://avm.de/service/vpn/*.

Auch wenn ein VPN im Allgemeinen als sicher gilt, ist es immer noch wichtig, starke Passwörter zu verwenden, regelmäßige Software-Updates durchzuführen und sicherzustellen, dass Ihr Netzwerk gegen unbefugten Zugriff geschützt ist. Solch ein VPN-Zugang zu Ihrem Smart Home erfordert immer eine besondere Aufmerksamkeit, um die Sicherheit dauerhaft zu gewährleisten. Ein einmaliges Einrichten und dann Vergessen ist nicht ratsam.

Kapitel 9
Der Papierkram

Als zukünftiger Besitzer eines Balkonkraftwerks fragen Sie sich wahrscheinlich, ob eine Anmeldung notwendig ist, und eventuell möchten Sie sich den Aufwand sparen. Hier wird erklärt, welche Mitteilungen und Anmeldungen bei den Behörden verpflichtend sind, welche Förderungen es möglicherweise gibt und wie es mit der Versicherung aussieht.

Wenn Sie auf Nummer sicher gehen wollen, um keinerlei Probleme zu bekommen, sollten Sie Ihr Balkonkraftwerk anmelden. Möchten Sie Fördergelder beantragen oder gegenüber Ihrem Vermieter einen Nachweis erbringen, werden Sie um eine Anmeldung nicht herumkommen.

Es gibt zwei Stellen, bei denen eine Anmeldung erfolgen muss. Zum einen müssen Sie bei Ihrem Energieversorger bzw. Netzbetreiber Ihr Balkonkraftwerk anmelden. Die zweite Stelle ist das Marktstammdatenregister der Bundesnetzagentur. Die gesamte Prozedur sollte nach 20 bis 30 Minuten erledigt sein.

9.1 Die Anmeldung beim Netzbetreiber

Zum jetzigen Zeitpunkt möchte Ihr örtlicher Netzbetreiber noch über Ihr Balkonkraftwerk informiert werden, weil gegebenenfalls Ihr Stromzähler ausgetauscht werden muss. Diese Anmeldung beim Netzbetreiber dürfte aber ab dem 1. Januar 2024 mit dem neuen Balkonkraftwerkgesetz wegfallen. Die Details des neuen Gesetzes sind noch nicht bekannt, aber die Wahrscheinlichkeit ist hoch, dass Sie Ihr Balkonkraftwerk nicht mehr beim Netzbetreiber melden müssen, sondern nur noch im Marktstammdatenregister.

Bis dahin zeige ich Ihnen in diesem Abschnitt trotzdem noch, was für die Anmeldung beim Netzbetreiber wichtig ist. Auch heute ist die Anmeldung nur bei den alten Stromzählern mit Drehscheibe nötig. Alle moderneren Zähler sollten über eine Rücklaufsperre verfügen. Überprüfen können Sie dies selbst: Schauen Sie nach, ob auf Ihrem Stromzähler dieses Symbol zu sehen ist:

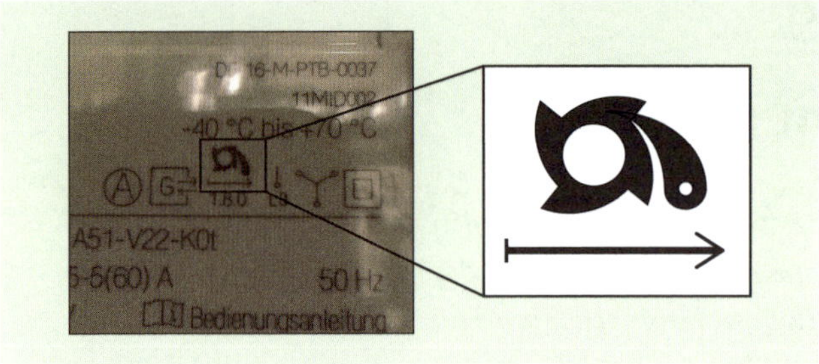

Abbildung 9.1 Hier ist das Rücklaufsperre-Symbol mittig auf dem Stromzähler zu sehen (siehe auch Abbildung 8.19). Rechts das vergrößerte Symbol.

Wenn das Symbol vorhanden ist, verfügt Ihr Stromzähler über eine Rücklaufsperre, an der Stelle ist also nichts weiter zu tun.

Netzbetreiber und Energieversorger

Ein *Netzbetreiber* kümmert sich um das Stromnetz. Ein *Energieversorger* verkauft den Strom an die Kunden. Ich vermische hier im Text ab und an beides, wenn es um die Anmeldung Ihres Balkonkraftwerks geht. Aber tatsächlich verschwimmen hier gerne mal die Grenzen, wenn es darum geht, wo man sein Balkonkraftwerk nun zu melden hat. Mal soll es der eine, mal der andere Weg sein, je nachdem, wo man wohnt.

Falls Sie allerdings im Anmeldeformular Ihres Netzbetreibers auf Schikanen treffen – beispielsweise dass Installation und Inbetriebnahme eines Balkonkraftwerks von einem Elektrofachbetrieb abgestempelt werden muss –können versuchen, für die Anmeldung den Text des Musterbriefs der Deutschen Gesellschaft für Sonnenenergie e. V. und das VDE-Inbetriebsetzungsprotokoll zu verwenden.

Bei solchen Hürden verwundert es nicht, dass die Hälfte aller Balkonkraftwerke in Deutschland nicht angemeldet sind. Und es ist auch nicht überraschend, dass mit dem neuen Balkonkraftwerkgesetz eine entsprechende Anpassung unserer Gesetze kommen wird. Zumindest sehr wahrscheinlich ...

Sie haben gegenüber Ihrem Energieversorger nur die Pflicht, Ihr Balkonkraftwerk zu melden. In Betrieb nehmen können Sie es sofort, auch wenn noch ein alter Stromzähler eingebaut ist. Das Problem liegt nicht bei Ihnen, und mit der Meldung haben Sie Ihren Teil erledigt.

Bis sich der Energieversorger entschließt, einen zu wechselnden Stromzähler zu tauschen, können teilweise mehrere Wochen oder sogar Monate vergehen. Sollten Sie also gegenüber Ihrem Vermieter oder Ihrer Eigentümergemeinschaft als Auflage erhalten haben, die Konformität mit dem Stromzähler nachzuweisen, dann weisen Sie diese Anforderung zurück und bestehen darauf, dass Sie nur die Meldung Ihres Balkonkraftwerks nachweisen müssen. Falls vorhanden, können Sie auf das Rücklaufsperre-Symbol verweisen. Der Stromanschluss und alle Energieversorgungsgeräte sind in der Hoheit des Energieversorgers. Sie haben daran keinerlei Anteil und können aus diesem Grund auch nicht für mehr als Ihre Meldung an den Energieversorger verantwortlich sein.

Die Kontaktdaten Ihres Energieversorgers können Sie auf Ihrer Stromrechnung finden. In der Regel ist dort eine Kontaktrufnummer oder eine E-Mail-Adresse angegeben. Falls Sie nichts in der Art finden, müsste der Energieversorger normalerweise mit einem 13-stelligen Code angegeben sein. Diese Nummer kann im Internet in der Datenbank *BDEW Bundesverband der Energie- und Wasserwirtschaft* abgefragt werden.

Die Prozedur für die Anmeldung ist dann einfach: Verwenden Sie den Musterbrief der Deutschen Gesellschaft für Sonnenenergie e. V. unter *https://www.entega.de/fileadmin/bilder/alle-produkte/balkonkraftwerk/Musterbrief_Deutsche_Gesellschaft_f_Sonnenenergie.pdf* zusammen mit dem Inbetriebsetzungsprotokoll E.8 nach VDE-AR-N-4105-2018 unter *https://www.entega.de/fileadmin/bilder/alle-produkte/balkonkraftwerk/Inbetriebsetzungsprotokoll_Nov2021.pdf*.

Mit diesen beiden Dokumenten erfolgt die Anmeldung bei Ihrem Energieversorger in der Regel reibungslos und mit minimalem Aufwand.

Die Signifikanzgrenze der EU

Es gibt die EU-Verordnung 2016/631 Artikel 5, die besagt, dass Anlagen mit einer Leistung von unter 800 Watt unter die Signifikanzgrenze fallen. Dies bedeutet, dass Solaranlagen oder andere Energieerzeugungsanlagen, die eine Leistung von weniger als 800 Watt haben, weniger strengen Vorschriften und Anforderungen im Vergleich zu größeren Anlagen unterliegen.

Diese Signifikanzgrenze dient dazu, den Aufwand und die bürokratischen Anforderungen für kleinere Anlagen zu reduzieren.

Allerdings müssen EU-Verordnungen immer erst in die nationalen Verordnungen des eigenen Landes übernommen werden, bevor sie auch dort gültig sind.

9.2 Die Anmeldung bei der Bundesnetzagentur

Die Registrierung Ihres Balkonkraftwerks erfolgt auf der Registrierungsseite für Stromerzeugungsgeräte der Bundesnetzagentur im Marktstammdatenregister. Mit dem am 1. Januar 2024 in Kraft tretenden neuen Balkonkraftwerkgesetz wird sich die Anmeldung beim Marktstammdatenregister aber erheblich vereinfachen. Es soll auch keine weitere Anmeldung irgendwo anders mehr nötig sein, also wird diese Registrierungsseite in Zukunft wohl die einzige bürokratische Hürde sein, die Sie bewältigen müssen. Das Gesetz ist gerade erst im Entwurfsstadium, und viele Details sind noch nicht bekannt – auch nicht, wie die neue Registrierungsseite dann aussehen wird –, aber bis dahin gilt noch der alte Weg, und deshalb zeige ich Ihnen, wie die Registrierung im Marktstammdatenregister bis dato aussieht.

Die Adresse lautet *https://www.marktstammdatenregister.de/MaStR*, Sie landen dann auf Seite, die Sie in Abbildung 9.2 sehen.

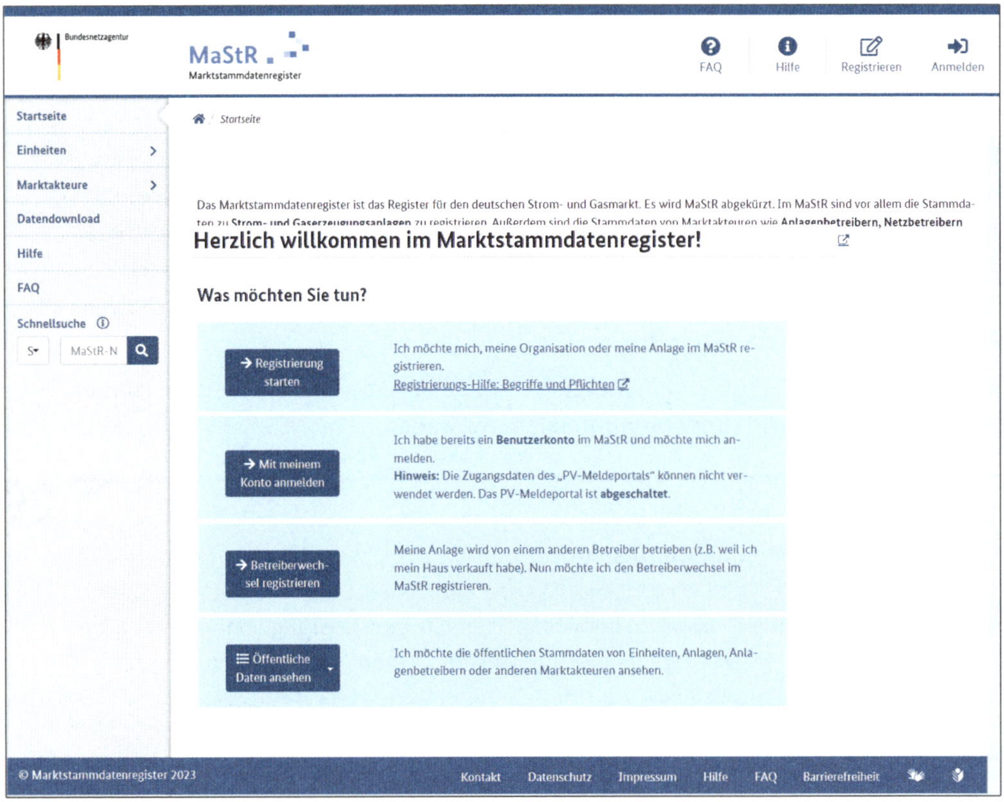

Abbildung 9.2 Startseite des Marktstammdatenregisters

Zunächst ist es notwendig, ein *Benutzerkonto* anzulegen. Dazu geben Sie Ihre persönlichen Daten an:

- Anrede
- Name und Vorname
- Geburtsdatum
- E-Mail-Adresse

Danach müssen Sie noch ein Passwort vergeben. Nach Eingabe dieser grundlegenden Daten wird Ihnen an Ihre angegebene E-Mail-Adresse eine Bestätigungs-E-Mail gesendet.

Anschließend erfolgt die REGISTRIERUNG ALS ANLAGENBETREIBER, da Sie mit Ihrem Balkonkraftwerk nun zum Stromerzeuger werden.

- **Marktfunktion**: Anlagenbetreiber
- Ihre vollständigen Adressdaten
- **Tätigkeitszeitraum**: Datum der Inbetriebnahme
- **Hauptwirtschaftszweig**: Abschnitt D – Energieerzeugung
- **Abteilung**: Energieversorgung
- **Hauptwirtschaftszweig**: Elektrizitätsversorgung
- **Benutzerrollen**: Sie selbst als Anmelder

Dann erfolgt die REGISTRIERUNG IHRER ANLAGE. Suchen Sie sich dafür alle Unterlagen und Datenblätter zusammen, die Sie zu Ihrem Balkonkraftwerk haben. Sie werden ein paar Angaben daraus brauchen.

- **Art der Einheit**: Stromerzeugung
- **Art der Stromerzeugung**: Solare Strahlungsenergie
- **Betriebsstatus**: In Betrieb
- **Anzeigename**: Hier können Sie einen frei wählbaren Namen für Ihr Balkonkraftwerk angeben, also etwas wie »Solarreaktor 1«.
- **Datum der Inbetriebnahme**: der Tag, an dem Sie den Stecker des Balkonkraftwerks erstmalig eingesteckt haben
- **Standort der Installation**: Ihre Adresse
- Übernehmen Sie die Geokoordinaten aus den Adressdaten.
- **Anzahl der Module**: vermutlich 1 oder 2
- **Bruttoleistung der Stromerzeugungseinheit**: Die Leistung Ihrer Solarmodule. Das ist der summierte WPe-Wert ($Watt_{Peak}$) der Solarmodule. Dieser steht auf einem Aufkleber auf der Rückseite der Module oder im mitgelieferten Datenblatt.
- **Wechselrichterleistung**: Das sollten entweder 0,3 kW oder 0,6 kW sein. Bei einem gedrosselten Wechselrichter geben Sie die Leistung an, auf die gedrosselt wurde.
- **Stromspeicher**: nicht vorhanden
- **Gilt eine Leistungsbegrenzung**: nein
- **Einrichtungsort der Solaranlage:** Steckerfertige Solaranlage (sog. Balkonkraftwerk)
- **Sind die Module einheitliche ausgerichtet:** ja oder nein, abhängig von der Montage
- **Ausrichtung:** Die Himmelsrichtung, nach der die Solarmodule ausgerichtet sind, etwa »Süden«
- **Neigungswinkel der Ausrichtung:** Wählen Sie die Gradzahl, die am besten passt, oder geben Sie eine Schätzung ein, beispielsweise 20 – 40°

- **Volleinspeisung oder Teileinspeisung:** Volleinspeisung
- **Kann die Stromversorgungseinheit vom Netzbetreiber ferngesteuert werden:** nein
- **Anschlussnetzbetreiber:** Netzbetreiber (nicht »Energieversorger«, was aufgrund der angegebenen Ortsdaten wahrscheinlich vorausgewählt ist.)
- **Spannungsebene**: Niederspannung/Hausanschluss
- **Vom Netzbetreiber vergebene Identifikationsnummer**: nicht vorhanden
- **EEG-Daten**: nein/nicht vorhanden
- **Zuschläge für Ausschreibungen oder Mieterstrom bei Privatnutzung**: nein

Geschafft. Die Anmeldung beim Marktstammdatenregister haben Sie damit erledigt.

Ich hoffe, dass sich die Website mit der Zeit nicht zu sehr verändert, aber die benötigten Informationen sollten auch bei einer Abwandlung der Website noch ungefähr den Eingabefeldern entsprechen.

9.3 Förderung für Balkonkraftwerke

Je nach Wohnort kann es für Ihr Balkonkraftwerk eine Förderung geben. Manche davon sind Pauschalen pro Anlage, andere sind von der Leistung des Balkonkraftwerks abhängig. Informieren Sie sich rechtzeitig, denn manche Förderungen müssen vor dem Kauf der Anlage beantragt werden.

Am einfachsten suchen Sie nach Ihrem Landkreis oder Bundesland und dem Zusatz »Photovoltaik-Förderung« oder »Balkonkraftwerk«. So sollten Sie auf die offiziellen Informationsportale der zuständigen Behörden gelangen. Oder kontaktieren Sie das Bürgertelefon Ihrer Gemeinde oder Stadt, denn auch da sollte man Ihnen weiterhelfen können.

Einen guten Überblick über aktuelle Förderungen finden Sie unter:
https://smartgrids-bw.net/foerderprogramme-fuer-stecker-solaranlagen/.

Klicken Sie sich dort über Ihr Bundesland weiter zu den Kommunen. Vielleicht haben Sie ja Glück und können eine lokale Förderung beziehen.

Einen Stolperstein gibt es noch: Viele Förderungen werden nur bewilligt, wenn die Anlage die zur Zeit gesetzlich erlaubte Höchstleistung nicht überschreitet. Zum aktuellen Zeitpunkt sind dies 600 Watt. Eine Förderung für eine der teilweise schon erhältlichen 800-Watt-Anlagen wäre dann nicht möglich.

Für manche Förderungen kann auch die Nutzung der Wieland-Steckdose notwendig sein, darauf folgt dann aber wiederum die Installation des Balkonkraftwerks durch eine Fachfirma. Andere Förderungen gelten nur innerhalb der Gemarkung, das bedeutet, bei einem Umzug würde das Recht auf die Förderung entfallen.

Sie sehen, die Bedingungen können ganz schön verzwickt sein. Die ganze Thematik der Förderungen, deren Bedingungen und die zur Verfügung stehenden Fördertöpfe sind im Fluss; informieren Sie sich konkret zu Ihrem Projekt, ob es einen Zuschuss durch Ihre Gemeinde, Stadt oder Landkreis gibt.

9.4 Angaben bei der Versicherung

Die meisten Versicherungsgesellschaften haben Balkonkraftwerke ohne Aufpreis in ihre Hausrat- und Privathaftpflichtverträge aufgenommen. Normalerweise umschließt die Hausratversicherungen nur Gegenstände, die sich innerhalb der eigenen vier Wände befinden. Aber für die Solarmodule Ihres Balkonkraftwerks, die ja im Freien angebracht werden, gibt es eine Ausnahme. So ist die Solaranlage gegen Sturm, Hagel (siehe Abbildung 9.3), Feuer und Überspannungsschäden durch Blitzschlag versichert. Die Haftpflichtversicherung sichert Sie ab, falls die Solarmodule bei einem Sturm abgerissen werden und Schäden bei Personen oder Bauwerken verursacht.

Abbildung 9.3 Solarmodul mit Hagelschaden

Falls Sie ein eigenes Haus haben, könnte das Balkonkraftwerk möglicherweise auch von Ihrer Wohngebäudeversicherung abgedeckt sein, allerdings gilt dies normalerweise nur für fest verbaute PV-Anlagen auf dem Dach. Eine genauere Auskunft kann Ihnen Ihr Versicherungsanbieter geben.

Um auf Nummer sicher zu gehen, nehmen Sie Kontakt mit Ihrem Versicherungsvertreter oder der Hotline Ihrer Versicherung auf. Dort dürfte man Ihnen schnell und einfach eine Auskunft geben können.

Kontaktieren Sie Ihre Versicherung

Da Ihr Balkonkraftwerk Teil Ihrer Wohnung ist, gehört es nicht zum Gemeinschaftseigentum der Eigentümergemeinschaft. Die gemeinsame Haus- und Grundbesitzerhaftpflicht der WEG greift also nicht. Sie müssen Ihr Gerät über Ihre eigene Versicherung abdecken.

Auch hier gibt es meist eine Voraussetzung seitens der Versicherung: Der Wechselrichter darf die aktuelle gesetzlich festgelegte Höchstleistung – momentan 600 Watt – nicht überschreiten.

Wie oft entsteht ein Hagelschaden bei Solarmodulen?

Sehr selten. Nur bei flach angebrachten Modulen und sehr großen Hagelkörnern kann das passieren. Modernere Solarmodule haben mittlerweile zwar dünneres Glas als frühere Module, aber das Glas ist widerstandsfähiger geworden – ähnlich dem Gorilla-Glas Ihres Smartphones.

Bei Ihrem Balkonkraftwerk mit den steil angebrachten Modulen kann also eigentlich kein Hagelschaden entstehen. Oder etwas zynischer formuliert: Lange bevor ein Hagelsturm so schlimm wird, dass ein Balkonkraftwerk davon kaputtgeht, wird es noch deutlich größere Schäden geben, die Ihnen mehr Sorgen bereiten werden.

9.5 Die neuesten Informationen zu Balkonkraftwerken

Wenn Sie ständig auf dem Laufenden sein möchten, was Balkonkraftwerke angeht, könnten Sie den *Mini-Solar-Newsletter* abonnieren. Neben aktuellen Angeboten und Informationen zu den neuesten Förderungen gibt es darin auch alle Entwicklungen zu den Gesetzen.

Hier finden Sie die Einstiegsseite zum Newsletter und können dort auch die vergangenen News nachlesen: *https://machdeinenstrom.de/mini-solar-newsletter/*.

TEIL III

Autark und unabhängig

Kapitel 10
Energieversorgung mit Speicher

Der Strom, den Ihr Balkonkraftwerk produziert, fließt ins Netz ab, wenn Sie ihn nicht nutzen. Ist es dann nicht eine gute Idee, die überschüssige Energie der Sonnenstunden für Wolkentage und die Nacht zu speichern?
Warum das nicht so einfach ist, erkläre ich Ihnen hier.

Wenn Sie die Grundlast Ihrer Wohnung auch dann abdecken wollen, wenn die Sonne nicht scheint, brauchen Sie ein zweites Balkonkraftwerk mit einer Batterie. Eine solche Installation ist zwar denkbar, sie führt jedoch zu deutlichen Energieverlusten und senkt die Gesamteffizienz.

10.1 Ein Balkonkraftwerk mit Nachteinspeisung

Sie überlegen möglicherweise, ob es Sinn ergeben könnte, den Strom, der durch ein zweites Balkonkraftwerk erzeugt wird, in eine Batterie einspeisen zu lassen, um mit dieser gesammelten Energie nachts Ihre Grundlast zu bedienen. Technisch und rechtlich ist das möglich. Es darf bislang zwar nur ein Balkonkraftwerk zeitgleich in einen Stromkreis einspeisen, aber tagsüber kann es das erste Balkonkraftwerk sein, das direkt in die Steckdose einspeist, und nachts kann es die Batterie des zweiten Balkonkraftwerks sein, die über den Tag geladen wurde.

Schauen wir uns den Aufbau und die Unterschiede einmal an. Der normale Aufbau eines Balkonkraftwerks sieht, wie Sie nun schon wissen, so aus:

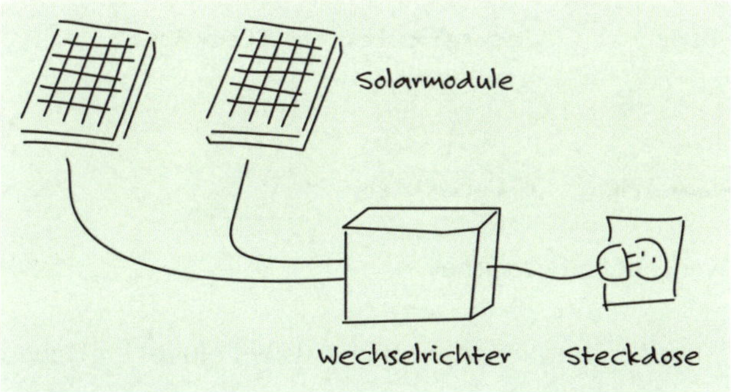

Abbildung 10.1 Standardaufbau eines Balkonkraftwerks

Die Solarmodule sind mit einem Wechselrichter verbunden, der den Gleichstrom der Solarmodule in Wechselstrom umwandelt und über die Steckdose in das Hausnetz einspeist.

Bei diesem Aufbau wird eine Umwandlung vorgenommen: die von Gleich- auf Wechselstrom. Eine Umwandlung von elektrischer Energie geht aber leider nie ohne Verluste vonstatten. Wie gut ein Wechselrichter umwandeln kann, wird in seinen technischen Daten mit dem *Wirkungsgrad* angegeben. Bei meinem DEYE-Wechselrichter, den ich als Beispiel verwende, liegt dieser Wirkungsgrad bei 96,5 %. Das gilt aber nur für optimale Bedingungen, beispielsweise wenn die Solarmodule mit voller Leistung elektrische Energie produzieren. Bei Teillast kann der Wirkungsgrad deutlich schlechter sein.

Um es einfach zu halten, gehen wir weiter von 96,5 % aus. Dies bedeutet: Es gehen 3,5 % der von den Solarmodulen erzeugten Energie verloren. Wenn die Solarmodule also an einem schönen sonnigen Tag 500 Watt Energie erzeugen, gehen davon 17,5 Watt bei der Umwandlung von Gleich- zu Wechselstrom verloren. (Wenn Sie sich fragen, wohin sie verschwinden: Sie werden größtenteils in Wärme umgewandelt.) In das Hausnetz eingespeist werden dann nur noch 482,5 Watt.

Nun denken wir uns ein zweites Balkonkraftwerk mit einer Pufferbatterie als Energiespeicher:

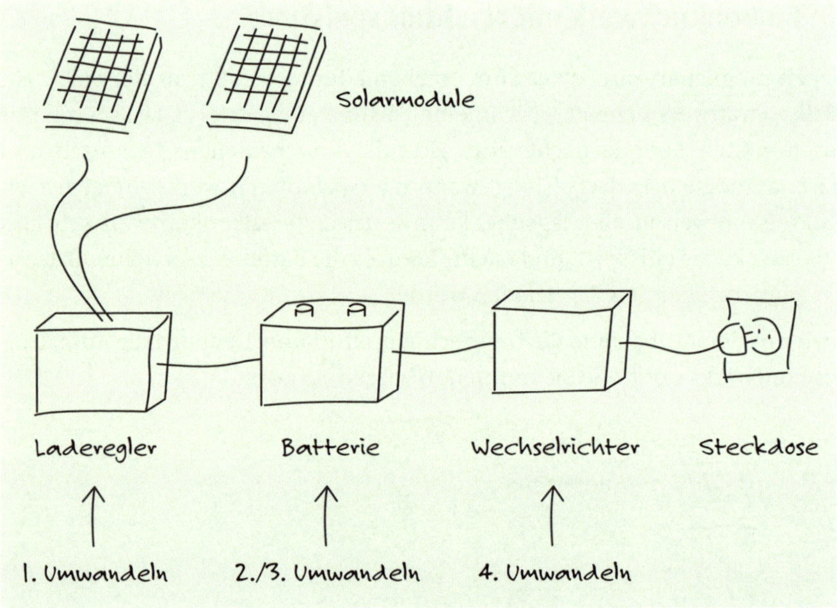

Abbildung 10.2 Ein Balkonkraftwerk mit Pufferspeicher

In diesem Aufbau benötigen Sie zwei Komponenten mehr als bei einem einfachen Balkonkraftwerk: einen Laderegler und eine Batterie.

Abbildung 10.2 soll Ihnen nur das Prinzip verdeutlichen. In der Realität werden Sie noch ein paar Teile mehr benötigen, beispielsweise eine Zeitschaltuhr, um nachts die Einspeisung ins Hausnetz zu starten, und eine Absicherung, damit nicht beide Balkonkraftwerke gleichzeitig einspeisen können.

Der von den Solarmodulen erzeugte Gleichstrom wird von einem Laderegler in die Batterie eingespeist. Hier findet die erste Umwandlung statt: Die Spannung der Solarmodule muss zur richtig dimensionierten Ladespannung der Batterie umgewandelt werden.

Die zweite Umwandlung findet in der Batterie statt: Die elektrische Energie wird hier in chemische Energie umgewandelt und eingelagert. Egal ob Sie einen Blei-Akku oder einen modernen Lithium-Ionen-Akku verwenden, diese Umwandlung in chemische Energie ist immer notwendig.

Nachts soll die im Akku gespeicherte Energie wieder verwendet werden. Es ist also eine dritte Umwandlung nötig, wenn der Wechselrichter die Energie wieder aus der Batterie entnimmt. Diese Umwandlung von elektrischer in chemische Energie und wieder zurück wird als Lade- und Entladeeffizienz bezeichnet.

Nun erfolgt die vierte Umwandlung: Die von der Batterie bereitgestellte Gleichspannung wird vom Wechselrichter in Wechselspannung umgewandelt, damit sie ins Hausnetz eingespeist werden kann.

In dieser Kette geht viel Energie durch die Umwandlungen verloren:

1. **Umwandlung durch Laderegler**

   etwa 90 bis 95 %

2. **Ladeeffizienz**

   80 bis 85 % bei einem Blei-Akku

   85 bis 95 % bei einem Li-Ionen-Akku

3. **Entladeeffizienz**

   80 bis 90 % bei einem Blei-Akku

   über 90 % bei einem Li-Ionen-Akku

4. **Umwandlung durch Wechselrichter**

   90 bis 95 %

Der Energieverlust der gesamten Kette beim Einlagern der Energie in den Akku beträgt dann (ich verwende die mittleren Werte):

0,925 (Laderegler) × 0,825 (Blei-Akku) = 0,763 oder 76,3 %

Das bedeutet, dass nur etwas mehr als drei Viertel der elektrischen Energie, die von den Solarmodulen bereitgestellt wird, letztendlich in dem Blei-Akku gespeichert wird.

Sonnenenergie zu elektrischer Energie

Habe ich bei der Rechnung nicht was vergessen? Die Umwandlung von Sonnenenergie in elektrische Energie habe ich weggelassen und für die Rechnung nur die Energie genommen, die uns schon in elektrischer Form vorliegt. Solarmodule arbeiten im besten Fall mit einem Wirkungsgrad von 20 %. Würden wir diese Umwandlung noch in die Rechnung einbeziehen, würden nur etwa 13 % im Akku ankommen.

Ich möchte hier aber lediglich den Unterschied zu einem normalen Balkonkraftwerk aufzeigen und berechne deshalb nur die Verluste der nötigen Technik beim Einsatz eines Batteriespeichers.

Nun müssen wir die Rechnung noch einmal für die Einspeisung vornehmen, nämlich für die in der Batterie gespeicherte Energie, die nun ins Hausnetz geht. Wir nehmen wieder die mittleren Werte:

0,85 (Entladeeffizienz Blei-Akku) × 0,925 (Effizienz Wechselrichter) = 0,786 oder 78.6 %

Wie Sie sehen, geht hier wieder eine Menge Energie verloren.

Wenn wir diese beiden Ergebnisse zusammen betrachten, können wir die Gesamteffizienz berechnen: von der bereitgestellten elektrischen Energie der Solarmodule bis hin zum nachts wieder eingespeisten Wechselstrom.

Wir hatte eine Effizienz von 76,3 % für die Einlagerung der Energie und eine Effizienz von 78,6 % für die Einspeisung der Energie aus dem Akku in das Hausnetz:

0,763 (Effizienz der Speicherung in der Batterie) × 0,786 (Effizienz der Umwandlung in Wechselstrom) = 0,6 oder etwa 60 %

Das bedeutet, dass von der elektrischen Energie, die ursprünglich vom Solarmodul erzeugt wurde, nur etwa 60 % als nutzbarer Wechselstrom nach der Speicherung in der Batterie und den Umwandlungen eingespeist werden würde.

Diese Zahlen sind nur Schätzungen, und die tatsächliche Effizienz kann je nach den spezifischen Geräten und Bedingungen variieren. Sie sehen aber schon: Der Einsatz eines Akkus sorgt dafür, dass die Effizienz sinkt, mit der Ihr Balkonkraftwerk mit Akkuspeicher Ihr Haus versorgen kann.

Die Frage, ob die Investition in ein Balkonkraftwerk mit Speicherlösung wirtschaftlich ist, ist durchaus berechtigt. Es ist wichtig zu bedenken, dass nur etwa 60 % der erzeugten Energie tatsächlich nutzbar sind. Darüber hinaus sind zusätzliche Kosten für die notwendige Technik und den Akku zu berücksichtigen. Installation und Wartung eines solchen Systems erfordern zudem Zeit und Mühe.

Mithilfe dieses Buchs haben Sie bereits eine Kostenschätzung für ein normales Balkonkraftwerk erstellt. Es wäre interessant zu sehen, wie diese Berechnung für ein Balkonkraftwerk mit Speicherlösung aussieht, wenn man bedenkt, dass nur 60 % der erzeugten Energie genutzt werden können.

Allerdings ist die Beurteilung damit noch nicht abgeschlossen. Weitere Faktoren wie der Akkutyp (Blei- oder Lithium-Ionen-Akku) und das Alter des Akkus beeinflussen die Wirtschaftlichkeit des Balkonkraftwerkaufbaus.

Ein Akku hat eine begrenzte Lebensdauer und hält unter den gegebenen Bedingungen etwa fünf Jahre. Faktoren wie die Tiefe der Entladezyklen und die Qualität des Batteriemanagements, das den allmählichen Leistungsverlust der Batteriekapazität berücksichtigt, sind entscheidend. Ältere Batterien neigen dazu, sich beim Laden und Entladen stärker zu erhitzen. Daher ist eine Temperaturüberwachung, besonders bei Lithium-Ionen-Batterien, empfehlenswert, um mögliche Probleme frühzeitig zu erkennen.

Ein Akku hält nicht ewig

Sie kennen das Problem von Ihrem Smartphone oder Laptop. Der darin eingebaute Akku hält nicht so lange wie das eigentliche Gerät, das er mit Strom versorgt. Obwohl der Laptop eigentlich noch ganz ordentlich läuft, ist der Akku quasi tot und liefert nur noch für wenige Minuten Strom. Schauen wir uns das noch einmal genauer an.

Die Lebensdauer eines Akkus wird mit Ladezyklen angegeben. Ein Ladezyklus ist eine komplette Entladung und Ladung mit der vollen Kapazität des Akkus. Wenn Sie einen Akku nur teilweise entladen und dann wieder laden, werden diese Teilladungen wieder zu einer kompletten Ladung zusammengerechnet und als kompletter Ladezyklus angerechnet.

Es gibt verschiedene Akkutechnologien, und all diese Akkutypen haben eine unterschiedliche Lebensdauer. Tabelle 10.1 gibt einen Überblick.

Akkutechnologie	Ladezyklen	Lebensdauer
Blei-Gel-Akku	400 bis 600 Vollzyklen	5 bis 8 Jahre
Blei-Säure-Akku	300 bis 500 Vollzyklen	4 bis 6 Jahre
NiCd-Akku	800 bis 1.500 Vollzyklen	10 bis 15 Jahre
NiMH-Akku	350 bis 500 Vollzyklen	5 bis 10 Jahre
Li-Ion-Akku	500 bis 800 Vollzyklen	7 bis 12 Jahre
LiPo-Akku	300 bis 500 Vollzyklen	7 bis 10 Jahre
NiFe-Akku	3.000 Vollzyklen und mehr	20 Jahre und mehr

Tabelle 10.1 Lebensdauer verschiedener Akkutechnologien

Die einzelnen Akkutechnologien teilen sich noch einmal in Untergruppen auf, beispielsweise gibt es verschiedene Arten von LiPo- und Li-Ion-Akkus. Das spielt für die Ladezyklen aber keine Rolle.

Am Ende dieser Lebensdauer hat ein Akku noch 80 % seiner Kapazität. Aber die Abnahme der Kapazität ist nicht linear. Wenn ein Akku schon 20 % seiner Kapazität verloren hat, schreitet sein Verschleiß schneller voran. Je älter der Akku ist, desto schneller naht sein Ende.

Neben den Ladezyklen gibt es weitere wichtige Faktoren, die seine Lebensdauer beeinflussen:

- große Hitze
- extreme Kälte
- Überladung
- Tiefenentladung
- Kurzschluss
- Lagerungsfehler
- Nutzungshäufigkeit

Gerade der letzte Punkt ist interessant: die Nutzungshäufigkeit. In den Datenblättern des Herstellers ist oft angegeben, wie oft die Ladezyklen stattfinden dürfen, um die volle Lebensdauer zu erreichen. Nehmen wir einen NiMh- oder LiPo-Akku als Beispiel: zwischen 300 und 500 Ladezyklen mit einer Haltbarkeit von 7 bis 10 Jahren.

Nutzen Sie solch einen Akku für Ihr Balkonkraftwerk als Energiespeicher, wird dieser jeden Tag geladen und entladen, also 365-mal im Jahr.

Laut Herstellerangaben ist er im schlimmsten Fall nach einem Jahr bei 80 % seiner Kapazität angekommen, im besten Fall nach zwei Jahren.

Oder Sie haben Glück, und er hält länger. Aber wie lange? Spielen bei Ihrem Standort andere Faktoren eine Rolle für den Akku? Extreme Hitze oder Kälte?

Sie sehen: Bei den Angeboten für Batteriespeicher und Pufferakkus wird immer die zu erwartende Lebensdauer des darin enthaltenen Akkus ignoriert. Wird dann vom Hersteller oder einem Fachmagazin eine Wirtschaftlichkeitsrechnung über 13, 15 oder sogar 20 Jahren vorgetragen, aber dabei die Lebensdauer der Akkus nicht einbezogen, wird meines Erachtens der Verbraucher hinter die Fichte geführt.

Es gibt Strategien, die Lebensdauer eines Akkus zu verlängern, indem man die genutzte Kapazität auf den Bereich von 10 % bis 80 % beschränkt und ein aktives Thermalmanagement einsetzt. Aber diese Möglichkeiten werden bei solch einer Erweiterung eines Balkonkraftwerks bislang nirgendwo genutzt.

Abbildung 10.3 Ein moderner Akkupack mit Batteriemanagementsystem (BMS)

Sie sehen also: Die Idee ist, mit einem Balkonkraftwerk vollständig unabhängig vom Stromnetz werden, mag verlockend klingen, in der Praxis stehen ihr jedoch große Probleme gegenüber. Die Effizienzverluste bei der Umwandlung und der Verschleiß des Speichers sind die wichtigsten Argumente, die dagegensprechen und den Plan leider ziemlich unwirtschaftlich machen. Meine Empfehlung lautet daher, das Balkonkraftwerk nur als Unterstützung zu nutzen, mit ihm also die Grundlast während der Sonnenstunden abzufangen.

Ein wenig anders sieht es aus, wenn Sie nicht einen ganzen Haushalt unterbrechungsfrei mit Strom versorgen müssen, sondern nur eine Insellösung für den Notbetrieb planen. In diesem Fall könnten Power Packs eine sinnvolle Alternative sein.

10.2 Ein Balkonkraftwerk mit Power Pack

Mit sogenannten Power Packs gibt es eine weitere Möglichkeit, um die erzeugte Energie zu speichern (siehe Abbildung 10.4).

Solche Power Packs (manchmal auch Power-Station genannt) sind im Grunde große Batteriespeicher. Diese Sets werden oft in Verbindung mit flexiblen Solarmodulen angeboten, die eine geringere Leistung haben als die starren Solarmodule bei Balkonkraftwerken. In der Regel beträgt diese zwischen 200 und 400 $\text{Watt}_{\text{Peak}}$.

Abbildung 10.4 Power Pack mit faltbaren und flexiblen Solarmodulen

Bei der Kapazität dieser Power Packs gibt es eine große Auswahl. Die kleineren Geräte starten bei einer Kapazität von etwa 500 Wh, es gibt aber auch Speicher mit bis zu 2 kWh Kapazität.

Verwendet werden solche Energiespeicher als Notstromversorgung oder als »mobile Steckdose« für Orte, an denen sonst kein Strom vorhanden ist. Sie können damit also Ihre Gartenhütte mit Energie versorgen oder in Ihrem Camper oder Zelt Ihren Energiebedarf decken.

Da Sie nichts in Ihr Hausnetz einspeisen, unterliegen Sie keiner Begrenzung. Bei solch einer autarken Mini-PV-Anlage, einer sogenannten Insellösung, können Sie so viel Sonnenenergie umwandeln, wie Sie möchten.

Möchten Sie diesen Power Pack allerdings nicht als autarke Stromversorgung nutzen, sondern als Nachteinspeisung für Ihre Grundlast einsetzen, können Sie mit einen Mikrowechselrichter unter Berücksichtigung der Einspeisegrenze die gespeicherte Energie für die Verbraucher wieder in Ihrem Hausnetzt verwenden.

Die Preise für solch eine Komplettlösung liegen allerdings – über den Daumen gepeilt – bei dem Zwei- bis Dreifachen des Preises, den Sie für ein Balkonkraftwerk zahlen.

Und gibt es noch einen weiteren Haken bei solch einer Einspeisung mit einem Mikrowechselrichter: Die öffentliche Energieversorgung muss laufen, da diese Wechselrichter nur einspeisen, wenn eine Stromversorgung vom Energieversorger vorhanden ist. Sie können Ihr Hausnetz mit solch einer Lösung also im Fall eines Stromausfalls nicht mit Energie versorgen. Bei einem Blackout müssten Sie die Verbraucher direkt an Ihr Power Pack anschließen.

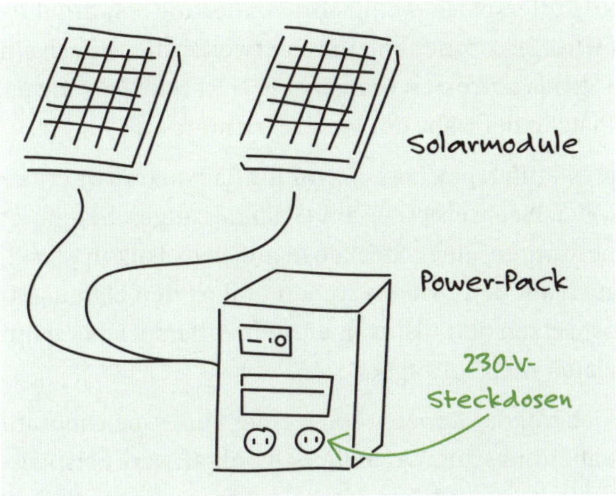

Abbildung 10.5 Balkonkraftwerk mit Power Pack

10.3 Ein Balkonkraftwerk mit Pufferspeicher

Eine weitere Möglichkeit ist ein Pufferspeicher zwischen den Solarmodulen und dem Wechselrichter.

Unter der Bezeichnung *Zendure Solarflow* können Sie beispielsweise einen solchen Akkuspeicher im Internet finden.

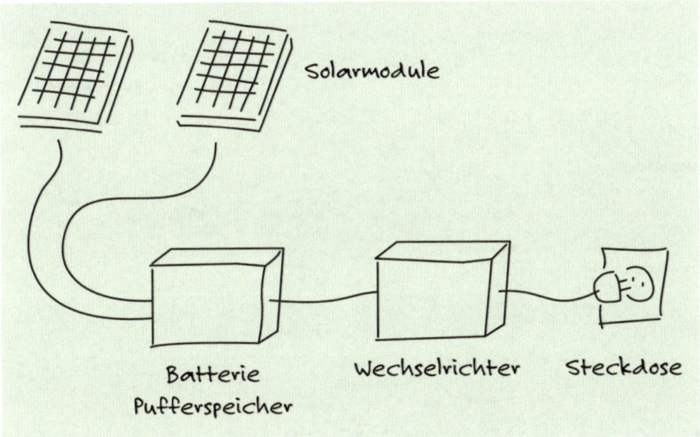

Abbildung 10.6 Prinzipieller Aufbau eines Balkonkraftwerks mit Pufferspeicher

Der Einsatz eines Pufferspeichers stellt eine Brücke zwischen einem normalen Balkonkraftwerk und einem Balkonkraftwerk mit Akku für die Nachteinspeisung dar. Der Vorteil ist der geringere Platzbedarf. Sie benötigen kein zweites Balkonkraftwerk, das eine Batterie lädt, die nachts den Grundbedarf deckt. Sie benötigen auch etwas weniger Extratechnik, da solch ein Pufferspeicher einfach zwischen die Solarmodule und den Wechselrichter gesteckt wird. Sie können mit dieser Erweiterung einfach ein normales Balkonkraftwerk ohne Extras aufrüsten und so eine Nachteinspeisung erhalten. Sie benötigen nur etwas Platz in der Nähe des Wechselrichters.

Der Nachteil ist der Standort dieses Pufferspeichers. Wenn Ihr Balkonkraftwerk tatsächlich auf einem Balkon steht, der Wechselrichter am Geländer angeschraubt ist und dessen Netzkabel zur Einspeisung in einer Steckdose auf dem Balkon steckt, müsste dieser Batteriespeicher auch auf dem Balkon stehen und ist den Elementen ausgesetzt. Gerade Hitze und Frost setzen den Akkus in diesem Pufferspeicher dann doch arg zu, das wird der Lebensdauer nicht zuträglich sein.

Das war mein erster Gedanke, als ich mir das Konzept solch eines Pufferspeichers angeschaut hatte. Die Idee finde ich allerdings gut. Wenn Ihr Balkonkraftwerk beispielsweise auf einem Garagendach installiert ist und der Wechselrichter sowie der Pufferspeicher innerhalb der Garage untergebracht werden können, spricht nichts gegen diese Idee.

Wie funktioniert nun solch ein Pufferspeicher? Normalerweise erzeugt Ihr Balkonkraftwerk aus der Sonnenenergie Strom in dem Umfang, in dem die Sonne gerade scheint. Der saldierende Stromzähler verrechnet diesen Strom auf Ihre drei Phasen, und so wird Ihre Grundlast vom Balkonkraftwerk unterstützend mit Strom versorgt. Der Rest kommt vom Energieversorger. Das wissen Sie schon, so weit hatten wir in Abschnitt 8.3, »Der Anschluss ans eigene Stromnetz«, schon alles besprochen und erklärt.

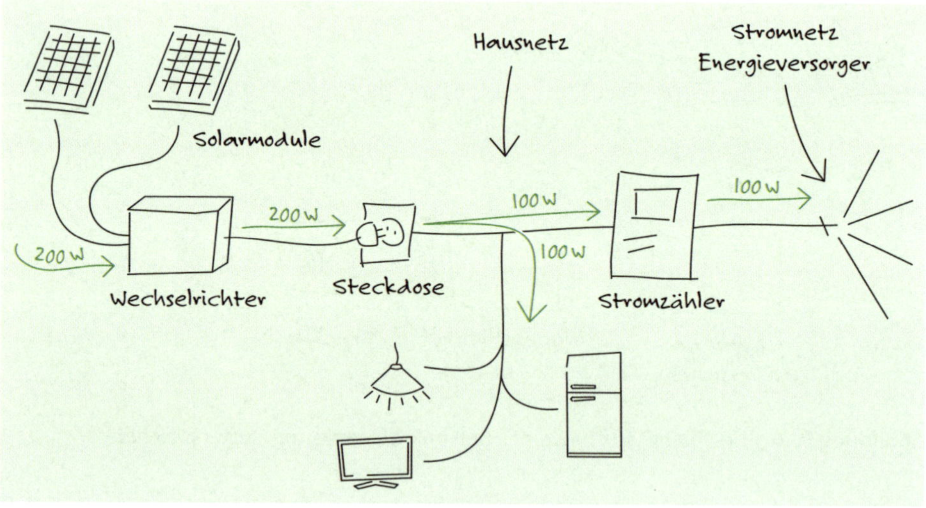

Abbildung 10.7 100 Watt Grundlast und 100 Watt ins Netz

Dann gibt es den Fall, in dem Ihre Grundlast momentan geringer ist als die erzeugte Energie Ihres Balkonkraftwerks. Sie haben also beispielsweise gerade eine Grundlast von 100 Watt, und Ihr Balkonkraftwerk erzeugt zeitgleich eine Leistung von 200 Watt. Der Stromzähler kann von diesen 200 Watt die Hälfte verrechnen, die anderen 100 Watt laufen durch Ihr Hausnetz und durch den Stromzähler ins Stromnetz des Energieversorgers und werden woanders, möglicherweise bei Ihrem Nachbarn, verbraucht.

Dass gerade nicht benötigter Strom verschenkt wird, kann ein Pufferspeicher verhindern. Er reguliert den Zufluss von Strom ins Hausnetz und speichert die Energie, die darüber hinausgeht, in den Akku ein.

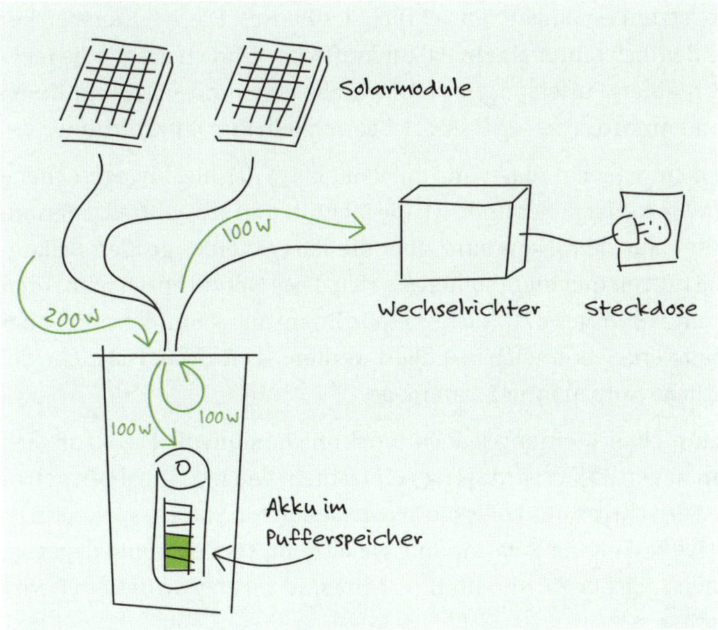

Abbildung 10.8 Einlagerung der nicht benötigten Energie in einen Pufferspeicher

Abbildung 10.8 zeigt, dass von den erzeugten 200 Watt die Hälfte im Akku des Pufferspeichers bleiben, während die restlichen 100 W über den Wechselrichter ins Hausnetz gespeist werden.

Wie viel Strom ins Hausnetz abgegeben wird, ist bei diesem Pufferspeicher einstellbar. Am besten wählt man hier einen Wert, der knapp unter der Grundlast liegt, aber nicht so niedrig ist, dass der Akku ständig voll ist. Denn ist der Akku voll, geht der gesamte Strom wieder ins Hausnetz zurück.

Solch ein System ist sehr gut geeignet für Menschen, die tagsüber nicht zu Hause sind, aber trotzdem die Vorteile eines großen Balkonkraftwerks nutzen möchten – auch wenn ihre Grundlast tagsüber nicht hoch genug ist. Mit solch einem Pufferspeicher kann die von den Solarmodulen erzeugte Energie in den Abendstunden genutzt werden und die Stromrechnung entlasten.

Wo liegen die Probleme bei solch einem Pufferspeicher? Erst einmal gibt es wieder einige Verluste – ganz ähnlich wie die, die ich Ihnen schon bei dem Balkonkraftwerk mit Nachteinspeisung in Abschnitt 10.1 vorgerechnet habe.

Außerdem mache ich mir als Elektroniker Gedanken um die Haltbarkeit der Akkus in diesem Pufferspeicher. Halten sie so lange durch, wie der Speicher funktionieren müsste, um die Investition wieder hereinzubekommen? Wenn ich das Datenblatt und den technischen Aufbau anschaue, stehen die Chancen meiner Meinung nach 50/50.

Damit sind wir beim letzten Gedanken hinsichtlich des Preises: Diese Pufferspeicher sind teuer, und zwar deutlich teurer als ein Balkonkraftwerk. Ob sich das für Sie rechnet oder ob Sie solch einen Pufferspeicher einfach einsetzen möchten und Ihnen Wirtschaftlichkeit und Amortisation egal sind, ist ganz allein Ihre Entscheidung.

Ich möchte die Idee nicht schlecht reden und auf keinen Fall das hier angesprochene Produkt kritisieren. Vom Konzept her finde ich die Idee gut und sehr hilfreich. Besonders wenn Sie tagsüber aus dem Haus sind, aber die Energie eines großen Balkonkraftwerks am Abend nutzen möchten, sollten Sie sich diese Option anschauen – den finanziellen Spielraum vorausgesetzt. Nach meiner Erfahrung kann diese Erweiterung eines Balkonkraftwerk-Sets einfach installiert werden, der Aufwand ist nicht viel größer als der eigentliche Aufbau Ihrer Solaranlage.

Finanziell ist es nach meiner Meinung jedoch (noch) nicht sinnvoll. Das kann sich aber ändern, denn an neuen Akkus wird stetig geforscht. In den letzten Jahren gab es dort schon spürbare Fortschritte, und falls die Lebensdauer von Batteriespeichern irgendwann mit der Haltbarkeit der Solarmodule gleichzieht, spricht wenig dagegen, nicht auch gleich einen Speicher einzurichten. So ganz sind wir aber an diesem Punkt noch nicht angelangt.

Kapitel 11
Sonnenenergie unterwegs

Solaranlagen lassen sich selbstverständlich nicht nur an Ihrer Wohnung oder auf Ihrem Haus nutzen. Bei einem Einsatz an abgelegenen Orten oder unterwegs sind jedoch einige Punkte zu beachten.

In Kapitel 10, »Energieversorgung mit Speicher«, ging es darum, den produzierten Strom zu speichern und zu nutzen, wenn die Sonne mal nicht scheint. Theoretisch lässt sich dies zur vollständigen Unabhängigkeit vom Stromnetz ausbauen: Sie sind autark und produzieren Ihren eigenen Strom.

Ein weiteres interessantes Einsatzszenario ist die Verwendung eines mobilen Batteriespeichers, der eine autarke Stromversorgung beim Campen oder am Strand ermöglicht.

11.1 Eine autarke Energieversorgung

Man spricht von einer autarken Energieversorgung, wenn Sie komplett unabhängig vom öffentlichen Stromnetz und Ihrem Energieversorger sind. In diesem Fall decken Sie den Energiebedarf allein – entweder weil Sie überhaupt nicht an das Stromnetz angeschlossen sind oder weil es einen Stromausfall gab.

Solche Installationen sind in Europa recht selten anzutreffen, am ehesten noch auf Hütten in den Alpen, auf Inseln oder in sehr abgelegenen Gebieten. In der Regel ist unser Stromnetz aber so stabil, dass unsere Energieversorgung fast durchgängig gesichert ist. Die Stabilität und Zuverlässigkeit der Energieversorgung wird durch den *System Average Interruption Duration Index* (SAIDI) gemessen. Deutschland hat dabei einen Wert von 12 Minuten, in Österreich liegt er bei 15 Minuten. Das bedeutet: Im Durchschnitt muss jeder Verbraucher im Jahr mit einer Unterbrechung dieser Dauer bei der Energieversorgung rechnen. Das ist ein Mittelwert für das ganze Land. In einer großen Stadt wird der Wert deutlich geringer ausfallen als beispielsweise auf einer Nordseeinsel.

Wesentlich öfter kommt solch eine autarke Energieversorgung aber in Wohnmobilen und Campern vor. Ausgerüstet mit Batterien und Wechselrichtern, stehen einem in solchen Gefährten damit alle Annehmlichkeiten der Zivilisation für längere Zeit zur Verfügung.

Abbildung 11.1 Hier versorgt sich jemand autark mit Energie.

11.2 PV-Lösungen für Wohnmobil und Camping

Für Wohnmobile und Camper wird eine Vielzahl von Autarkpaketen angeboten, die aus einem Komplettset mit Solarmodul, Laderegler, Batterie und Wechselrichter bestehen. Während bei der Fahrt die Batterien mithilfe der Lichtmaschine des Autos aufgeladen werden können, ist dies bei längeren Standzeiten nicht möglich.

Auch wenn (zumindest in Europa) viele Campingplätze einen Stromanschluss bereitstellen können, ist es sinnvoll, auch einmal ein paar Tage ohne fremden Strom auskommen zu können. Dazu muss der Energiebedarf komplett aus den Solarmodulen gedeckt werden. Bei gutem Wetter mit Sonnenschein können Sie zudem die Batterien aufladen, damit Sie sich so autark wie möglich versorgen können.

Abbildung 11.2 Auch unterwegs können Solarmodule genutzt werden

Die nötige Technik ähnelt stark den in diesem Buch bereits angesprochenen Möglichkeiten. Statt starrer Solarmodule an Ihrem Balkongeländer denken Sie sich Solarmodule, die fest auf dem Dach des Wohnmobils angebracht sind. Bei Campern werden gern flexible Solarmodule während der Standzeit auf das Dach des Fahrzeugs gelegt und an der Dachreling festgebunden, oder sie werden von der Dachreling hängend an der Seite des Wagens angebracht. Das ist eine Lösung, die schon sehr einem Balkonkraftwerk ähnelt.

Ein Unterschied betrifft allerdings oft die Spannung der verwendeten Batterien. Während bei Batteriespeichern für Balkonkraftwerke meist Akkus mit 24 Volt zum Einsatz kommen, sind es bei Wohnmobilen und Campern oft 12-V-Akkus, um kompatibel mit der Bordelektrik zu bleiben.

Diese Batterien zur Speicherung der Energie sind in vielen Fällen fest in Ihrem Wohnmobil oder Camper eingebaut. Aber Sie können auch hier auf einen festen Einbau verzichten und ein Power Pack einsetzen, wie Sie es schon in Abschnitt 10.2 kennengelernt haben. Damit haben Sie mehr Flexibilität, und mit dem richtigen Anschluss können Sie trotzdem die gesamte Bordelektrik versorgen.

Sie können sogar den Power Pack vor der Reise in der Wohnung an einer Steckdose voll aufladen und dann mitnehmen. Im Fall der Fälle können Sie auch das Fahrzeug wechseln, aber Ihre Energie mitnehmen.

Zusätzliche Power Packs verbrauchen allerdings viel Platz, der meist Mangelware ist, wenn man länger unterwegs ist. Gerade bei mobilen Speichern wird häufig im Innenraum zum Abstellen des Power Packs Platz benötigt, während ein fest eingebautes System unsichtbar ist und an Stellen Platz beansprucht, den Sie sowieso nicht nutzen, beispielsweise im Zwischenboden.

Wenn Sie mit dem Zelt unterwegs sind oder einen kleinen Camper haben, der auch im Alltag als Fortbewegungsmittel dient, wird die Ausstattung mit solch einer elektrischen Stromversorgung so leicht und so handlich wie möglich erfolgen müssen. In diesem Fall sollten Sie die Batterie klein halten und handliche und faltbare Solarmodule mitnehmen (siehe Abbildung 11.3).

Mit diesen kleinen, faltbaren Solarmodulen können Sie am Baggersee oder am Strand Ihr Smartphone laden. Über eine handelsübliche Powerbank können Sie die Energie auch über Nacht zwischenspeichern. Der Anschluss erfolgt gewöhnlich über einen einfachen USB-Stecker.

Je kleiner allerdings die Solarzelle, desto weniger Sonnenenergie kann gewonnen werden. Eine Powerbank mit integrierter Solarzelle ist in unseren Breitengraden zu schwach, um einem aktuellen Smartphone jeden Abend aushelfen zu können.

Abbildung 11.3 Faltbare Solarmodule für unterwegs

Wesentlich praktischer funktionieren da Solarklapptische für die Energieversorgung beim Camping, wie Sie ihn in Abbildung 11.4 sehen.

Statt also einen Tisch und ein Solarmodul mitzunehmen, kann man zwei Fliegen mit einer Klappe schlagen: tagsüber mit den integrierten Solarzellen den Akku laden, und nachdem die Sonne untergegangen ist, den Tisch für die Dinge nutzen, für die er sonst da ist.

Abbildung 11.4 Powerbank mit Solarzelle zum Aufladen (links) und Solarklapptisch mit Kühlbox und Solarofen (rechts)

Kapitel 12
Pflege und Wartung

Balkonkraftwerke erfordern wenig Wartung, aber eine regelmäßige Überprüfung auf Verschmutzung und Beschädigung ist wichtig. Ansonsten heißt es, auf die Umgebung zu achten und Schatten von Bäumen zu vermeiden.

Ein Balkonkraftwerk ist nahezu wartungsfrei. Einmal installiert, beschränkt sich die Aufmerksamkeit, die man ihm schenken muss, fast nur noch darauf, die erzeugte Energie ab und an im Auge zu behalten. Falls der Ertrag abfällt, obwohl die Sonne kräftig scheint, sollten Sie die Solarmodule einmal auf Verschmutzungen oder eine Beschädigung überprüfen. Sie können dann sanft und vorsichtig mit einem Werkzeug, das auch für Glas geeignet ist, grobe Dreckspuren entfernen (siehe Abbildung 12.1).

Abbildung 12.1 Hin und wieder müssen Ihre Solarzellen gereinigt werden. Es gibt aber keinen Grund, zum Putzteufel zu werden.

Liegt eine Verschmutzung vor, gibt es ein paar Dinge, die Sie nicht machen sollten:

- Spülen Sie nicht in voller Sonne die aufgeheizten Solarmodule mit kaltem Wasser ab. Das würde wie beim Eierabschrecken knacken und die Solarmodule mit der Zeit kaputt machen. Wenn Sie die Solarmodule abwaschen müssen, dann in den frühen Morgenstunden oder spät am Abend, wenn die Module nicht durch die Sonne aufgeheizt sind.
- Wischen Sie nicht mit einem Lappen den Saharastaub vom Glas ab. Mit dem Sandstaub verkratzen Sie die Glasoberfläche und machen das Modul matt. Das verringert die Leistung.
- Wischen Sie keine Pollen von den Solarmodulen. Diese verringern die Leistung nicht.
- Falls Sie nach dem Abwaschen mit Wasser eine Leistungssteigerung von 10 bis 15 Watt bemerken, ist dies nicht auf einen Reinigungseffekt zurückzuführen, sondern auf den Abkühlungseffekt durch das Wasser. Kühlere Solarzellen erzeugen mehr Energie als heiße Solarzellen. Fühlen Sie sich aber nicht in Ihrem Tun bestärkt. Lassen Sie die Solarmodule dann einfach in Ruhe.
- Eiskratzer oder ähnliches Werkzeug, das die Module beschädigen kann, dürfen Sie im Winter auf keinen Fall verwenden. Schnee können Sie mit einem Handfeger oder Besen sanft vom Solarmodul entfernen, falls er nicht runterrutschen möchte.

Abbildung 12.2 Kein Strom wegen Schnee

- Bei flächigen Verschmutzungen spritzen Sie die Module am besten mit kalkfreiem, warmem Wasser ab. Dazu können Sie beispielsweise Regenwasser nehmen. Lassen Sie die Arbeit also einfach den Regen machen, das ist die beste Methode!

- Hinterlassenschaften von Vögeln können Sie mit viel Seifenwasser sanft entfernen.
- Achten Sie bei den Solarmodulen auf Verfärbungen. Diese könnten ein frühes Anzeichen für aufkommende Probleme mit dem Modul sein.

Abbildung 12.3 Vogelschiss auf dem Solarmodul kann man auch Teilabschattung nennen.

Der Rest Ihrer kleinen PV-Anlage ist nahezu wartungsfrei. Sie können ab und an mal die Kabel und Stecker darauf inspizieren, ob eingetretene Feuchtigkeit Korrosion erzeugt hat oder ob die Ummantelung eines Kabels spröde geworden ist. In dem Fall tauschen Sie die entsprechenden Teile aus.

Urlaubszeit

Wenn Sie in den Ferien mal mehrere Wochen nicht zu Hause sind, können Sie Ihr Balkonkraftwerk bedenkenlos weiterlaufen lassen. Auch wenn Sie nicht daheim sind, erzeugen verschiedene Geräte im Haushalt weiterhin eine Grundlast, die mit Ihrem Balkonkraftwerk bedient werden kann. Als steckerfertiges Gerät für den Hausgebrauch ist ein Balkonkraftwerk sicher und auch so ausgelegt, dass nichts passieren kann, wenn es unbeaufsichtigt Strom produziert.

Und trotzdem: Wenn Ihr Balkonkraftwerk gerade erst installiert wurde, schadet es nicht, es erst einmal eine Woche und ein paar Sonnenstunden lang im Auge zu behalten, einfach nur um sicher zu gehen.

Ratsam ist es, den Ertrag der Solarmodule über eine längere Zeit zu vergleichen, um ein mit der Zeit defekt gewordenes Modul finden zu können. Werfen Sie auch mal einen Blick von Ihrem Balkon auf die Umgebung und schauen Sie, ob sich Grünmasse mit der Zeit vergrößert hat und nun anfängt, Schatten auf die Solarmodule zu werfen. Bäume und neu gebaute Häuser können sich in dieser Hinsicht als besonders tückisch erweisen.

Kapitel 13
Ökologische Aspekte und das Recycling

Sie haben hoffentlich mit Ihrem neuen Balkonkraftwerk bereits viel Spaß und Freude gehabt. Dennoch sollten Sie schon einmal überlegen, wie es in Zukunft mit den Modulen weitergehen kann, denn ihre Herstellung war ja ressourcenintensiv und aufwendig.

Der gleiche Gedanke, der uns zum Kauf eines Balkonkraftwerks animiert, lässt uns dieses auch kritisch betrachten. Das Klima ändert sich, und je weiter der ungehemmte Abbau von Ressourcen unserer Erde voranschreitet, desto ernsthafter muss man sich fragen, ob man neuen Technologien noch aufgeschlossen und erwartungsfroh entgegensehen kann. Ist das neue Balkonkraftwerk nicht eine ähnliche Konsumentscheidung wie ein neues Smartphone oder ein schnelleres Auto? Irgendwann landet ja doch alles auf einem der großen Müllberge, die wir unablässig produzieren.

Abbildung 13.1 Eine typische Mülldeponie unserer Lebensart

Im letzten Jahr wurde der *Earth Overshoot Day* (Erdüberlastungstag) für den 28. Juli berechnet. An diesem Tag hatten wir bereits alle Ressourcen für das Jahr aufgebraucht, die uns die Erde bereitstellen kann. Weltweit benötigen wir momentan etwa das 1,75-Fache dessen, was wir uns eigentlich leisten können. Für die EU war dieser Punkt schon am 10. Mai erreicht, für Deutschland am 4. Mai und für Österreich am 6. April.

Setzen wir daher einmal eine kritische Brille auf und stellen wir uns Fragen zur Nachhaltigkeit sowie zur Umweltverschmutzung bei der Produktion und bei der Entsorgung. Denn gerade bei neuen Technologien und bei Produkten, die eben erst auf den Markt kommen, sind diese Fragen oftmals noch nicht effizient gelöst.

13.1 Die ökologischen Auswirkungen

Für die Herstellung von Solarmodulen werden Materialien und wird Energie benötigt. Dies hat Auswirkungen auf die Umwelt. Die meisten PV-Module bestehen aus Silizium, für dessen Gewinnung und Verarbeitung große Mengen an Energie benötigt werden. Hauptsächlich wird diese Energie durch fossile Brennstoffe bereitgestellt, beispielsweise durch Kohlekraftwerke. Dies führt zu CO_2-Emissionen bei der Herstellung. Bei der Produktion der Module werden außerdem giftige Chemikalien wie Schwefelhexafluorid (SF6) eingesetzt, das als Treibhausgas 23.000-mal stärker ist als CO_2. Das ist aber nicht der einzige Einsatzzweck, SF6 wird auch in Schaltanlagen unseres Stromnetzes eingesetzt. Momentan laufen Bestrebungen, dieses Mittel durch technische Alternativen zu ersetzen.

Aber ein Solarmodul benötigt noch mehr:

- **Silizium**
  Die meisten Solarmodule bestehen aus kristallinem Silizium. Silizium macht etwa 75 bis 90 % des Gewichts eines Solarmoduls aus. Der größte Produzent von Silizium ist China, das rund 69 % des weltweiten Siliziumangebots lieferte.
- **Glas**
  Glas ist das Material, das am zweithäufigsten in einem Solarmodul vorkommt, und macht etwa 10 % des Modulgewichts aus. Es wird zur Herstellung der Schutzschichten verwendet, die das Silizium umgeben. Glas wird in vielen Ländern hergestellt, wobei China auch hier der größte Produzent ist.
- **Metalle**
  Solarmodule enthalten ebenfalls verschiedene Metalle, darunter Aluminium für die Rahmen (etwa 8 % des Modulgewichts) und Kupfer für die elektrischen Anschlüsse (weniger als 1 % des Modulgewichts). Seltene Erden wie Gallium und Indium werden in geringeren Mengen in bestimmten Arten von Dünnschichtsolarzellen verwendet. Länder wie Australien, China, Indonesien und die Philippinen

sind große Aluminiumproduzenten, während Chile, Peru und China zu den größten Kupferproduzenten gehören.

- **Silber**
  Oft übersehen, aber trotzdem ein wichtiger Bestandteil in Solarmodulen ist Silber, das in der Leitpaste zwischen den Siliziumzellen verwendet wird. Obwohl sein Anteil am Modulgewicht gering ist (weniger als 0,1 %), macht es einen erheblichen Teil der Produktionskosten aus. Die größten Silberproduzenten sind Mexiko, Peru und China.
- **Chemikalien**
  Für die Herstellung von Solarmodulen werden auch verschiedene Chemikalien benötigt. Diese haben zusätzliche Umweltauswirkungen, sind aber abhängig von den jeweiligen Herstellungsmethoden.

Es ist nicht nur wichtig zu betrachten, was in einem Solarmodul steckt, sondern auch, wie es dort hinkommt. Wie wurden die Rohstoffe gefördert und verarbeitet, um als Rohstoff bereitzustehen? Wie Sie sehen, sind die Abbaustätten und Ursprungsländer der verschiedenen Rohstoffe über die gesamte Welt verteilt. Dies ist aber nicht die Schuld der Solarindustrie, es gilt für jedes Produkt, das wir nutzen, egal ob Solarmodul, Fernseher, Kochtopf oder Gummiente für die Badewanne. Viele dieser Produkte und die darin enthaltenen Rohstoffe haben eine Reise um in die Welt hinter sich.

An der Globalisierung ändern wir nichts mehr – auch wenn wir die Produktion von Solarmodulen wieder in die EU holen, würden wir die Komponenten und Rohstoffe dafür weiterhin aus der gesamten Welt beziehen.

Also, was ist die Alternative? Die alten Technologien, eine Energiegewinnung basierend auf Öl, tut uns gerade auch keinen Gefallen. Es bleibt uns nichts anderes übrig, als zukünftig die Produktion von neuen Technologien so sauber und nachhaltig wie möglich zu bekommen, und dafür müssen wir das Recycling von Solarzellen verbessern, um so viele Materialien wie möglich von alten Solarmodulen wieder in neue Module fließen zu lassen.

Leider wird von vielen Seiten aber immer noch genug Lobby-Arbeit betrieben, die gegen moderne, regenerative Energieversorgung und für etablierte Industrien argumentiert. Es steckt viel Geld in der Nutzung der letzten Öl-, Gas- und Kohlereserven, sodass es nicht überrascht, dass sich auf dieser Seite laute Befürworter befinden. Das ändert aber nichts daran, dass etwas getan werden muss. Einerseits, indem wir unseren Energieverbrauch senken, und andererseits, indem wir das, was wir brauchen, smarter produzieren.

Mit der verbesserten Energieeffizienz der Solarmodule hat sich auch deren Lebensdauer verlängert. Ein Solarmodul kann heute innerhalb von ein bis drei Jahren die für seine Herstellung benötigte Energie in Form von Solarstrom zurückgeben. Bei einer typischen Lebensdauer dieser modernen Module von 25 bis 30 Jahren ist das ein gutes Verhältnis. Mit ein paar Fortschritten bei der Herstellung und der Technologie, die sich schon am Horizont abzeichnen (wie beispielsweise mit der *Schindel-Matrix-Anordnung*), wird sich die Bilanz in Zukunft weiter verbessern. Aber schon heute ist die Produktion von Strom mit alternativen Technologien günstiger als mit konventionellen Methoden.

Alte Solarmodule noch einmal verwenden

Da Solarmodule eine lange Lebensdauer haben, kann man sie oft auch für wenig Geld gebraucht bekommen. Und für manche Installationsorte reichen solche alten Solarmodule vollkommen aus. Wenn sie so ein paar Jahre vor der Mülldeponie bewahrt werden und Strom erzeugen, können Sie noch was Gutes für die Umwelt tun.

Der Verein Balkon.Solar e. V. hat unter *https://www.energie-experten.org/news/diy-anleitung-balkonkraftwerk-aus-alten-solarmodulen-selber-bauen* eine interessante Anleitung dazu herausgegeben, wie man aus gebrauchten Solarpanels ein Balkonkraftwerk selbst bauen kann. Wenn Sie also gern basteln und Ihr Glück versuchen möchten, können Sie mit dieser Schritt-für-Schritt-Anleitung ein eigenes Balkonkraftwerk zusammenbauen und installieren. Es wird gezeigt, wie Sie die alten Module testen können und was hinsichtlich des Wechselrichters zu beachten ist.

Das derzeitige Recycling von Solarmodulen ist noch nicht vollständig ausgereift und hat seine eigenen Umweltauswirkungen. Dennoch kann es die Rückgewinnung wertvoller Materialien wie Silizium, Silber und Aluminium ermöglichen, die dann nicht aus der Erde geholt werden müssen. Das Thema ist komplex. Ein gutes Recycling, in dem so viel wie möglich zurückgewonnen wird, hängt beispielsweise von der spezifischen Art der Module und den verfügbaren Technologien und Infrastrukturen sowie den rechtlichen Rahmenbedingungen des Landes ab, in dem das Recycling durchgeführt wird.

Nach Angaben der *Internationalen Agentur für Erneuerbare Energien* (IRENA) könnten bis zum Jahr 2050 weltweit bis zu 78 Millionen Tonnen Solarzellenabfälle anfallen. Mit der heutigen Recyclingtechnologie können bis zu 90 % der verwendeten Glas- und Metallkomponenten zurückgewonnen werden. Die Rückgewinnung und das Recycling von Silizium und Kunststoffen in den Solarmodulen stellen jedoch noch ein Problem dar, die Vorgänge sind sehr aufwendig und schwierig.

Neue Fertigungsmethoden sollen dies verbessern, indem weniger Material miteinander verklebt wird. Mit den heutigen Recyclingverfahren landen etwa 20 % des Gesamtgewichts eines Solarmoduls auf der Mülldeponie, einschließlich einiger toxischer Materialien.

Wo Licht ist, ist also auch Schatten. Trotzdem lässt sich unterm Strich sagen, dass Solarmodule und PV-Anlagen trotz der Umweltauswirkungen ihrer Herstellung und

Entsorgung einen deutlichen Beitrag zur Verringerung der CO_2-Emissionen leisten und damit bei der Bekämpfung des Klimawandels helfen. Ihre Gesamtumweltbelastung ist deutlich geringer als bei konventionellen Energieträgern.

Gibt es noch Dinge, die verbessert werden können? Auf jeden Fall. Aber wenigstens denken einige Menschen über Optimierungen bei den neuen Technologien nach, während sich anscheinend leider viele mit dem Status quo bei konventionellen Energieträgern zufriedengeben und neue Ideen mit Whataboutism abwehren.

Whataboutism ist die Kunst, immer neue Entschuldigungen und Ausflüchte zu finden, um nichts ändern zu müssen: »What about this, what about that ...?«, wie man in Amerika sagen würde.

Sie können sich sicher sein: Mit irgendeinem Argument kann man sich immer bestärken, dass nichts getan werden kann, weil die neuen Lösungen ja nicht perfekt seien. Aber »perfekt« ist der Feind von »gut« oder »besser«. Seien Sie lieber pragmatisch und fangen Sie einfach an. Ein paar eingesparte Watt hier und ein Balkonkraftwerk da werden die Welt nicht retten. Aber sie sind ein entscheidender Schritt in die richtige Richtung.

Nachwort

Ich hoffe, dass ich Ihnen einige interessante Punkte zu Balkonkraftwerken vermitteln konnte und dass Sie sich nun bereit fühlen, das Projekt »Eigenes Balkonkraftwerk« anzugehen. Wie Sie gesehen haben, ist es inzwischen wirklich einfach geworden, den eigenen Strom zu erzeugen.

Rund um die erneuerbaren Energien tut sich gerade sehr viel. Gesetzliche Regelungen, Vorgaben und Förderungen ändern sich schnell. Möglicherweise werden Sie dieses Buch zu einem Zeitpunkt in der Hand halten, zu dem sich manche Dinge schon wieder geändert haben. Ab 1. Januar 2024 wird sehr wahrscheinlich das neue Balkonkraftwerkgesetz in Kraft treten. Die Details des neuen Gesetzes waren noch nicht bekannt oder beschlossen, als ich diese Zeilen geschrieben habe. Zudem würde es mich nicht überraschen, wenn es auch in den nächsten Jahren in diesem Bereich weitere Reformen gibt. Auch gehe ich davon aus, dass einzelne Länder und Kommunen eigene Förderprogramme aufsetzen werden und dass Bauordnungen und andere Regelungen lokal angepasst werden. Einige Informationen in dieses Buch sind dann möglicherweise in dem einen oder anderen Punkt nicht mehr aktuell. Das tut mir leid, aber ich hoffe, ich konnte Ihnen dann trotzdem einen guten Startpunkt für die eigene Recherche zu den notwendigen Informationen an die Hand geben.

Die Photovoltaik- und die kleinen PV-Anlagen auf dem Balkon sind ein spannendes Thema, vielleicht haben Sie ja ein neues Hobby gefunden und verbringen nun viele spannende Stunden damit. Ich wünsche Ihnen auf jeden Fall viel Spaß und Erfolg damit!

Abbildungsverzeichnis

Index

H

I

J

K

L

M

N

O

P

Z